全新知识大搜索

医学新知

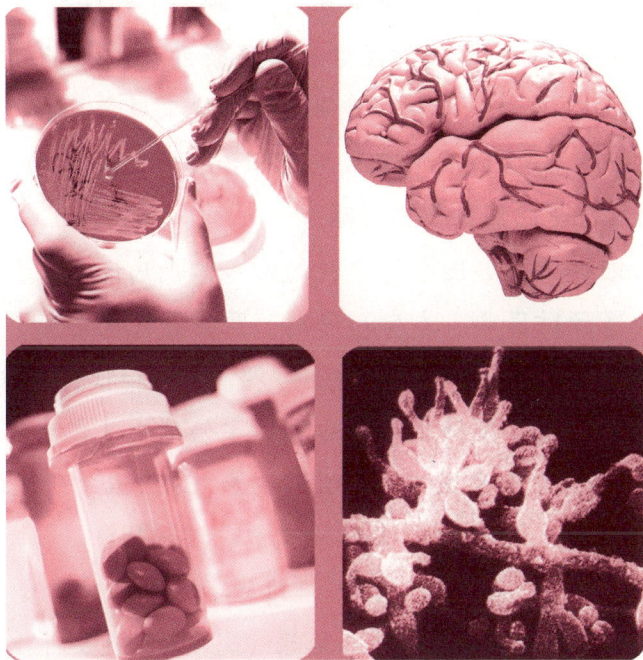

高殿举　主编

吉林出版集团股份有限公司

前言

打开《医学新知》这本册子就会知道，这是介绍医学界近些年来新发现新研究的成果。它会用新的健康医学道理来充实你的头脑，让你开阔眼界，扩大视野，知道医学领域里的"侦察兵"有哪些新"战士"，救死扶伤的"前沿阵地"有何"新式武器"，取得了哪些新的"战况"，人体器官破损是如何修复的，预防医学有哪些新发展，21世纪的人体保健时代有哪些新知识，以及针对医学新知，改变健康观念，对于改善生活方式营造科学氛围的紧迫性。我们努力用新知识给你送去新的精神食粮，使你们头脑更聪慧，使你们身体更健康。

20世纪80年代，医学从单纯的为人体疾病医疗，逐渐转为"预防为主"，诞生了预防医学。进入90年代，医学模式就发生了根本变化，医学的内涵也扩大了。医学包括身体、心理、环境和社会等方面的健康知识。相继，在临床医学、预防医学之后的医学领域里又诞生了保健医学、康复医学、营养医学、气象医学、心理医学等。这些医学研究的最终目的就是保证人体健康。

人们总爱用"蓓蕾""骏马""雄鹰"等来比喻青少年。是蓓蕾，就要花开鲜艳；是骏马，就要驰入草原；是雄鹰，就要冲上蓝天。用知识作为能源，让青春熊熊燃烧发光放热，使青春奏出欢乐的乐章。在人生的前奏曲中展现出靓丽而巍峨的峰巅。知识可以为事业创新，知识可以为生活添彩，知识更可以为健康鼓帆。接受新的健康理念，营造新的健康氛围。随着社会的发展，越来越多的人关注着自己的生命质量，着眼于自己的健康了。那么，就应该不断丰富自己的健康知识，多掌握些有关医学的新动向，为自身的健康保驾护航。

世界卫生组织（WHO）2002年初公布了新的人生质量标准：人类光有健康还不够，还要有快乐。快乐是人生的最高境界，也是最佳人生质量的重要体现。

我们生活在当今地球的这个时代是非常幸运的。据科学家估算，自有人类以来大约生活过1036亿人，只是到现在平均寿命才出现飞跃。健康长寿对于我们每个人来说都是非常重要的当务之急，应该从青少年开始来设计自己的一生。生命不能等待，健康更不能等待。作为生物个体的我们，只有几十年或上百年的时光，生命的流失如白驹过隙，飞驰而过。要想延年益寿只有从小做起，从现在抓起。

21世纪威胁人类健康的主要疾病是：生活方式疾病、心理障碍性疾病、性传播疾病等。为了唤起新一代人的健康意识，应该对这些疾病的未来发展趋势及防治对策心中有数。保护身体不靠别人，只能靠自己。健康就把握在自己手中，珍爱生命、珍重自己，科学生活，精心管理，延年益寿就会伴随你。

青少年朋友们！健康是人生的一切和根本。健康是金，有了健康才能有财富，有了健康才能有快乐，有了健康才能有幸福！

目录
MuLu

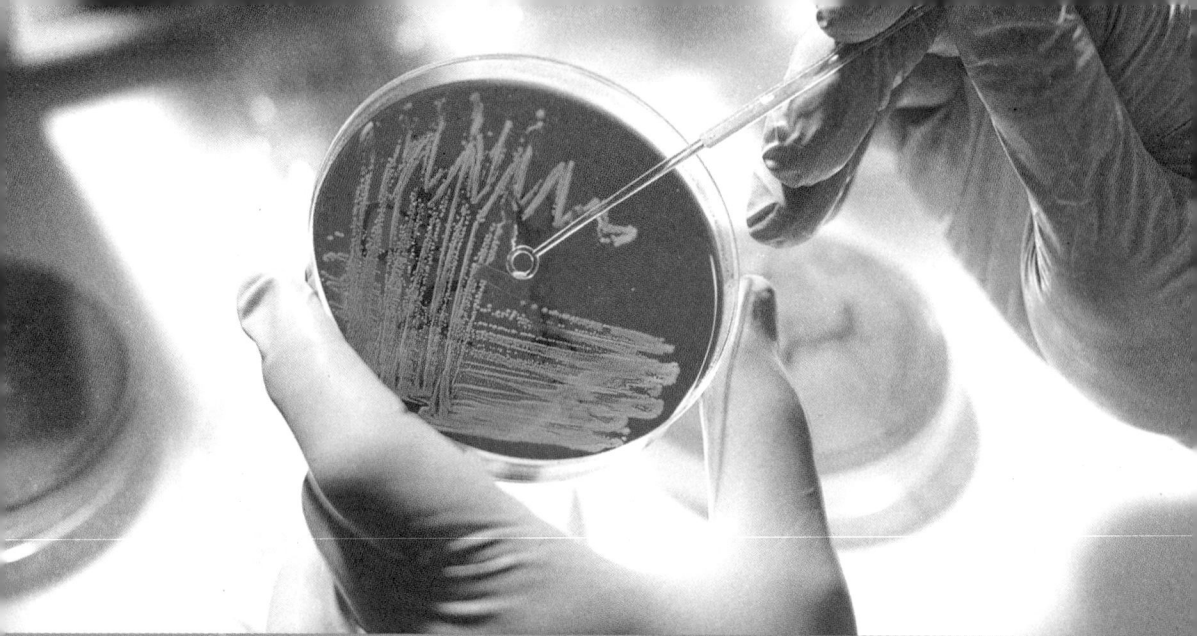

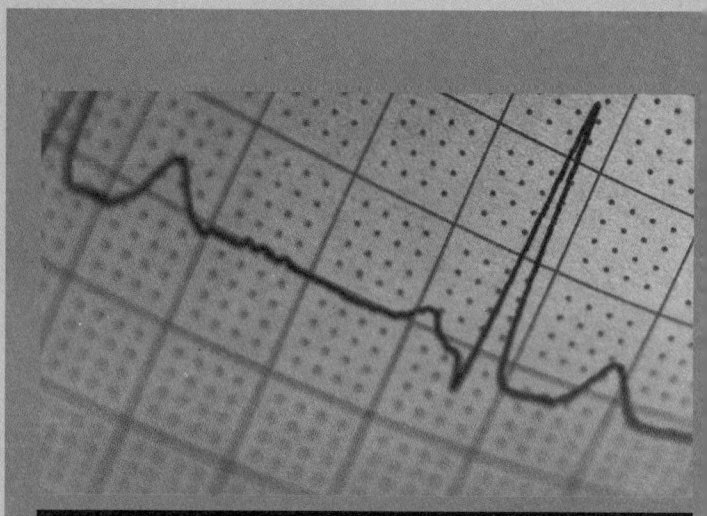

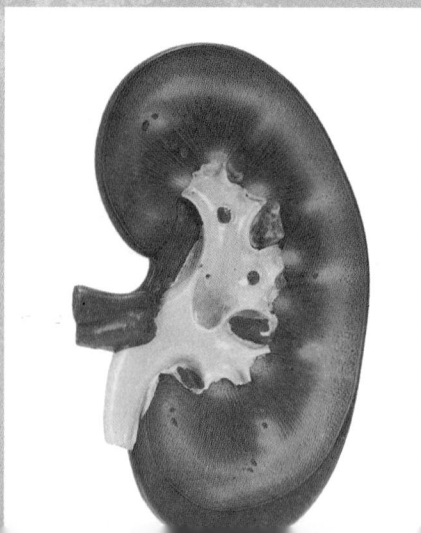

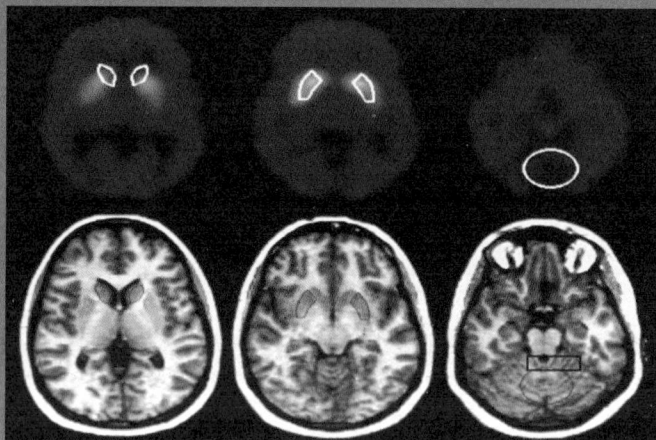

第一章 揭示生命的"医学侦察兵"

医务界常常把诊断医学誉为"医学侦察兵",因为许多疾病的诊断需要用各种仪器去探测,有的是靠影像学出现形象逼真的直观结果,有的则测试出许多数据供临床参考使用。临床医生结合病人的症状体征特点,综合进行分析判断,得出确切结论,最后进行治疗处置。所以,有人还把诊断医学称为"临床医生的眼睛"。

随着科学技术突飞猛进的发展,诊断医学也从多方面有新的提高。然而,人们怎能知道,诊断医学的发展历经了四百多年的艰苦历程。在人类诊断医学历史上有几位关键性的人物,那就是:显微镜的发明人荷兰生物学家列文虎克、揭开细菌奥秘的法国细菌学家巴斯德、德国细菌学家柯赫、X线发明人德国物理学家威廉·康拉德·伦琴、X线扫描摄影(CT)发明人菲尔德科马克和海斯、电镜发明人、B超诊断发明人……

17世纪70年代,荷兰曾学过磨眼镜片的列文虎克用金属夹两片隔开的镜片,制造出世界上第一台显微镜,调节一定距离可以放大300倍物体。近20年来,免疫学检验及发光免疫技术发展很快,DNA检测技术的广泛应用,核酸体外扩增技术,遗传病的诊断技术等均有了新的飞跃。由于许多电脑控制的检验仪器广泛应用,使检验数据准确可靠,改变了过去手工操作和用眼睛看显微镜的局面。尤其是基因芯片和生物芯片的应用,纳米诊断技术的发展,使不少检验出现质的飞跃。

影像学的诊断是近百年的事情。随着电脑的介入,X线诊断技术陆续自动化,出现了隔室控制系统、电脑监视。电子X线人体扫描摄影(简称CT)。CT的发明人菲尔德科马克和海斯,因为贡献卓著而获得1979年诺贝尔医学奖。

随着数字医学的兴起,数字成像技术以其先锋姿态,实现了三维虚拟现实技术,对人体可以从多部位、多层次、多角度、多方位探测。

B超诊断技术近20年来也有了突飞猛进的发展。从只能看到曲线的A超诊断仪到B超诊断仪的出现,到彩色多普勒超声诊断设备的出现,紧接着扇形B超、M形B超等问世,以及超声CT的诞生,为影像学诊断开拓了广阔的前景,为临床医学提供了极大的方便。

揭示生命奥秘的电镜

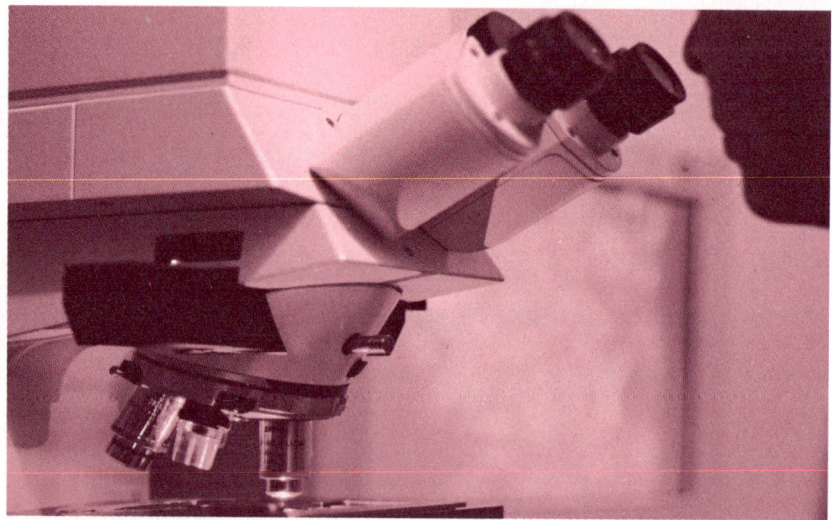

　　电子显微镜（简称电镜）是20世纪30年代出现的一种精密仪器。它的出现使我们能够研究光学显微镜下不能分辨的微小结构，例如过滤性病毒、细菌和细胞的内部结构，以及有机物质巨型分子等等。因此，它成为现代科学研究的重要工具，在医学上有着极为广泛的应用。

　　19世纪前，在光学显微镜基础上，建立起细胞学。但是，光镜只能看清2000埃（埃，简写 A，长度单位，一亿分之一厘米为1埃）。如想看清细胞内部结构或者病毒体的几十埃，光镜就无能为力了。科学家发现，电子在电场内被加速后，也具有光波的特性，其波长只有可见光波长的五万分之一，利用它可代替可见光的光源，可以大大地提高显微镜的分辨率，使一些比细菌、病毒更小的物体也看得清晰。从此，电镜登上了科学技术舞台。

开始的电镜是仿照光学显微镜发展起来的，通常指的是透射式电镜，成像的基本原理是放在电子前进路上的微小物体遮挡了电子微粒，荧光屏就出现了物体的影子，能把物体放大到几十万倍，甚至几百万倍，分辨率高达1.4埃。在电镜下能看到相当于一根头发丝的三万五千分之一大小的物体。

人们一直认为病毒是个简单的粒子，其实不然。在电镜下，科学家发现病毒是一个具有高度数学秩序的极微系统。例如腺病毒、疱疹病毒、噬菌体等生物体都是正三角形组成的正20面几何形态。科学家利用电镜了解到细胞膜的超显微结构，看到了细胞膜是由3层薄膜组成的，两侧层密度高，中间层密度低。至于观察细胞核、染色体就更为细微了。对癌细胞的观察认识就更为深刻了。

在电镜下人工合成的病毒，与天然病毒一样有生长功能。

随着科学技术的飞速发展，多种新型电镜不断出现。一般电镜对标本要求极薄，有很大的局限性。现在用扫描电镜可观察到直径15毫米、厚10毫米的固体标本。新型的超高压扫描透射电镜，可以借助附件装置，观察活的微生物。还有可以直接通过电视台直播的电视电子显微镜，让观众在电视机前就可以看到奇妙的微观世界。

科学家们还在继续深入研究，将直接从原子尺度上观察分析物体形态、结构和成分等，这将对分子生物学、遗传工程、医药科学等起到巨大的推动作用。

射线在医学上的新发展

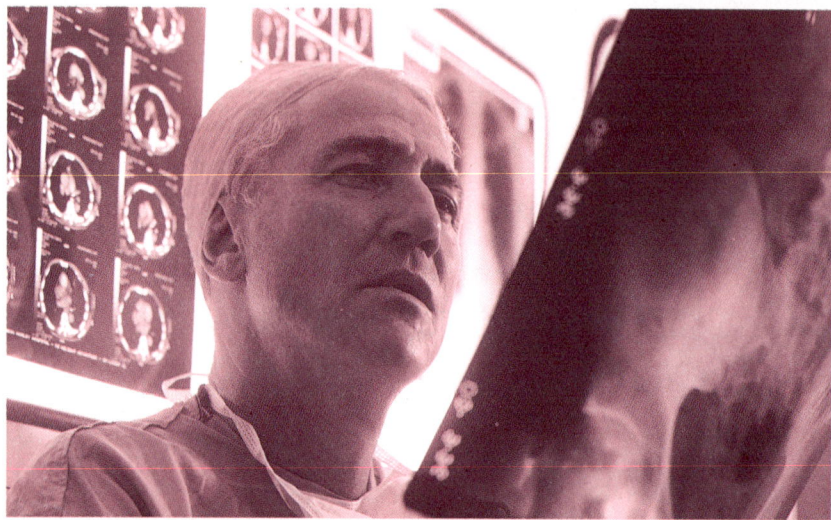

　　1895年11月8日，德国物理学家威廉·康拉德·伦琴在进行对气体放电过程实验，在暗室里用黑纸把真空管密包起来后，便离开了实验室。他忽然想起忘了切断电路，便急忙返回暗室。这时他惊奇地发现，距离真空管不远处涂有铂氰酸钡荧光材料的屏上竟然发出微弱的荧光。这一偶然的发现引起了伦琴的兴趣。经过反复观察实验，它照射人体时可以留下骨骼阴影。伦琴就把这种射线用未知数X来命名，这种由人工激发出来的射线，叫X射线。后来又称为伦琴射线。1901年伦琴成为世界上第一个荣获诺贝尔物理学奖的人。X射线的应用开创了放射诊断的新纪元。

　　经过百年的发展，加上电子技术的应用，X射线的设备更新换代，日新月异。现在，X射线诊断被称为医学临床的"侦察兵"。人们使用X光机，通过拍X光片了解病人体内的异常组织及病变。实现了"无创性"的

体外检查，应用X射线透视、照相、断层，对头颅、肺部、胸腔、脊椎、四肢等部位诊断，有了玲珑剔透的感觉，很快在全球普及开来。但是，这些机械设备结构复杂，操作复杂，且在精度、速度、清晰度等方面都存在很多不足。随着电子计算机的崛起，它的触角也走进医学领域，第一台电子计算机控制的X光机——CT机诞生了。

CT机的诞生，有三位科学家应该被人们记住，澳大利亚数学家雷登、美国物理学家柯尔马克和英国工程师亨斯菲尔德。

CT机的主要组成：X线源、检测器、计算机、图像显示器等。工作过程是：射线源与检测器围绕人体作旋转运动，同时在每次旋转之间，作大量的平行移动。X线源发出均匀的X线束穿过人体后，人体不同组织对X线的吸收率不同，检测器接受的X线量有别，反应人体组织的信息，从检测器送到计算机进行一定程序的处理，最后在显示器上看到人体所探测部位的横断面图像的重显。这就是人们所希望的、不经过解剖手段而得到的"无创性"的剖视图。1979年，柯尔马克和亨斯菲尔德因CT机发明的巨大贡献而荣获诺贝尔医学和生理学奖，这是第一次由非生理医学科学家获得的国际性的最高医学奖。

1981年用于全身器官检查的磁共振成像术（简称MRI）是在磁共振频谱学和CT技术等基础上迅速发展的一种生物磁学核自旋的成像技术。它能从任何方向作切面成像，可使用多种成像参数清楚地显示器官的结构。

自从1896年法国物理学家亨利·贝克勒尔发现铀和1898年玛丽·居里夫妇发现钋、镭等天然放射性元素，原子能事业迅速发展，也推动了辐射生物学和核医学的进步。核医学为临床上的诊断和治疗开创了美好的前程，像今天的伽马刀、γ射线加速器等都在医学临床上显示出巨大的威力。

X线影像诊断新技术

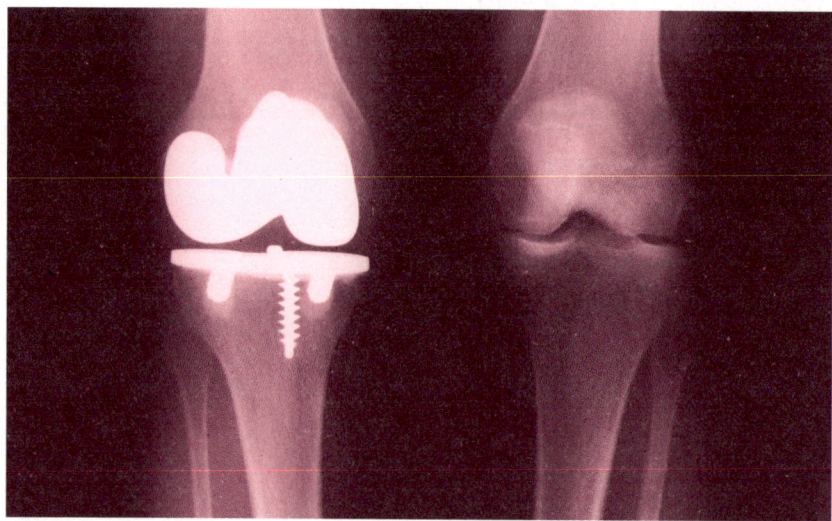

　　X线是1895年11月8日德国物理学家威廉·康拉德·伦琴在进行对气体放电过程实验中发现真空管阴极发出的射线，伦琴用未知数X来命名，叫X射线。因此，1901年伦琴成为世界上第一个荣获诺贝尔物理学奖的人。一百年来，X线技术在突飞猛进地发展，开创了医学领域里影像学的先河，成为临床医生一双锐利的眼睛，对于疾病的诊断提供了可靠的依据。

　　20世纪70年代，放射诊断学领域中具有革命性突破的新技术又诞生了，那就是电子计算机X线体扫描摄影(简称CT)。它的发明人菲尔德科马克和海斯，因贡献卓著而获得1979年诺贝尔奖的医学奖。

　　CT是结合X线体层摄影的原理，显示出人体各部位横断面的解剖，因不受邻近解剖结构的影响，影像清楚，能显示微小病变。CT扫描摄影

与X线摄影大不相同了。X线穿过人体直接照射在胶片上，其清晰程度较差。而CT是通过X线的多次扫描，将所测得的大量数据经计算机处理，最后将大量信息建成断面影像，显示在电视屏幕上。可用磁带或磁盘录像，也可以用感光胶片摄影。

CT是无创伤性检查方法，特别适用于颅脑创伤、颅内出血、脑室内积血等，这些是普通X线检查所看不到的。对脑血管疾病如脑缺血、脑梗塞、脑萎缩等也很有价值。CT发现颅内占位性肿瘤的准确率可达98%。

CT扫描对胸部疾病的影响近些年来也有很大的提高，尤其旋转CT问世以来，胸腔、肺叶、纵隔、心脏、胸膜等部位显示也很清晰。对纵隔肿瘤的诊断，特别是在鉴别实性、囊性或脂肪性方面具有独到之处。

CT在腹部脏器与周围组织关系的影像在某些部位还略有欠缺。有时还依赖于造影或腔镜。但肥胖病人因为腹部脏器间脂肪对比良好，不难分辨肝、脾、胰、肾、肾上腺等，甚至能很容易看清楚肠系膜上动脉、肾动静脉及脾静脉。瘦体型人腹腔脂肪层薄，有时很难分辨解剖结构。胰腺是临床和X线诊断最难的器官。而CT能直接看到胰腺的全貌，很容易分辨出来胰腺癌和慢性胰腺炎，其分辨性准确率达87%。

随着第一台XVCT机问世以来，根据类似原理，探索出许多功能各异、质量更好的CT装置，常用方法有：透射法CT、放射法CT、NMR法CT、旋转法CT、超声CT等。1981年全身器官检查的磁共振成像术（MRI）问世了，又开创了新的影像诊断学新的篇章。

ok

脑电图的诊断范围

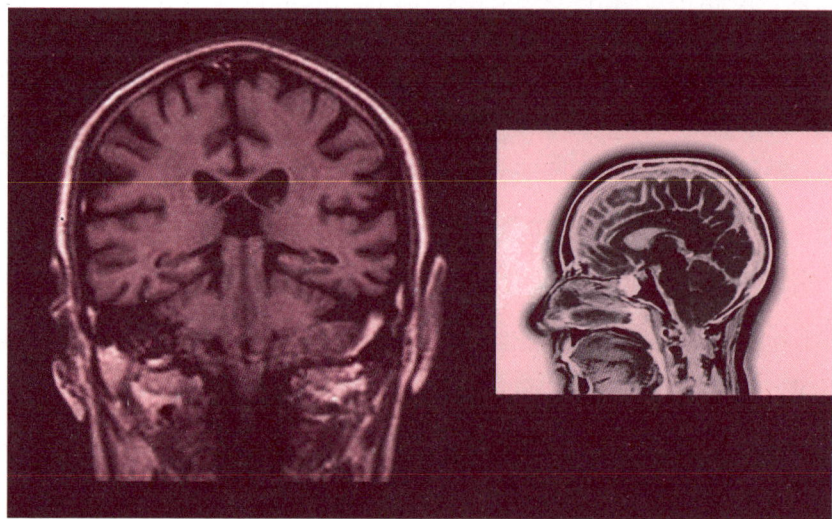

　　大脑是我们人体一切智慧和行为的"总司令部"，它的结构极为复杂，在自然界没有任何一种物质可以与之相比。然而，脑和其他生物组织一样，也是由细胞所组成。重量约1350克的人脑含有140亿个脑细胞，其中有2.5亿个神经细胞。神经细胞正常生理活动时，产生生物电信号，这种生物电极其微弱，只有在神经元进行新陈代谢后才产生电信号。

　　20世纪20年代末，德国精神病学家伯杰在加尔凡尼和戈登等老一辈科学家研究的基础上，成功地发明了记录脑细胞生物电波的机器，称之为脑电图机。从此，随着实践的不断完善，作为一种诊断脑部疾病的辅助检查方法，相继在德、英、法等国以及世界各地陆续被采用起来。

　　应用脑电图机检查病人时，只要将脑电图机的探测仪电极贴在头皮上，仪器就收到脑电活动整个过程中电位的变化，这时描笔在移动着的图

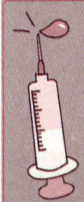

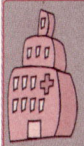

纸上描绘出各种曲线。由于曲线的频率和振幅不同，就构成了不同的波形，这就是脑电图波。

一般说来，脑电图中小于每秒4次的波称为慢活动，大于每秒13.5次的波叫快活动。每个人的脑电图都有其固有的特征，几乎可以与指纹相类比。当各种原因引起的脑机能障碍时，脑电图都会出现相应的病理变化。根据病理脑电变化情况，可对大脑功能进行评价，对疾病作出诊断。由于脑电图是一种无创伤性检查方法，所以可以多次重复进行。那么，脑电图能够检查出哪些疾病呢？

颅内占位性病变，包括脑肿瘤、脑转移性瘤、脑脓肿、颅内出血等。由于病变的部位、性质、阶段和损害不同，其脑电图特征也有所不同。一般有病一侧呈病灶慢波。

癫痫，各型癫痫均有其特异的脑电波，所以检查价值较大。如，散在性慢波、棘波或不规则棘波与癫痫大发作有关；两侧性、对称性、同步化的每秒3次棘慢综合波是小发作的特异波；有局限性发作时，常有棘慢综合波。

精神疾病部分，精神分裂症、躁狂症、抑郁症和精神发育不良的病人，脑电图可发生特有的变化。

在脑电图检查中常常进行些诱导试验检查。例如，让病人睁闭眼睛、过度呼吸、光刺激、声刺激和体感刺激、注射一些药物诱导睡眠等，是为了获得更多的可靠诊断依据。当然，脑电图检查再与脑彩超、CT检查相结合，其诊断就更加清晰明了。

遗传病的诊断技术

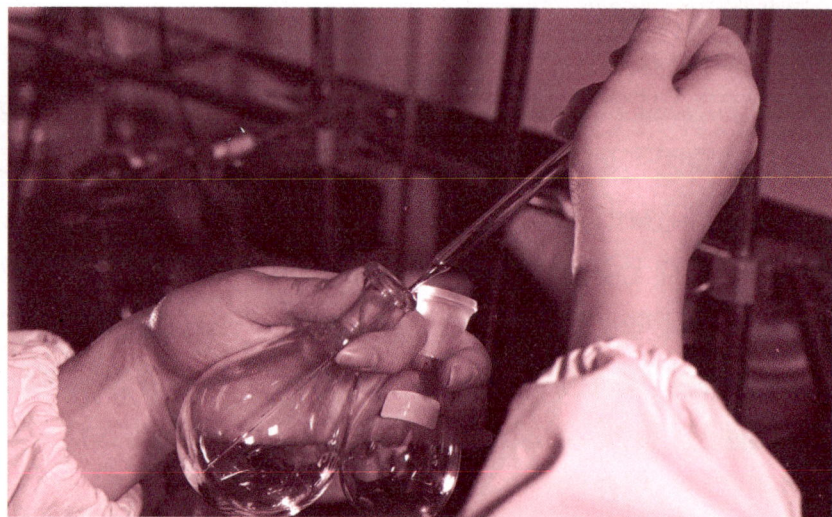

　　医学遗传学研究技术的不断发展与革新，提供了阐明和解决问题的新构思方法。分子水平的诊断方法与传统的生物化学及细胞学的诊断方法相辅相成，使临床有目的选择特殊的诊断性检查，多方位多途径地认识遗传病和寻找有效防治对策起着重要作用。下面介绍有关染色体病和单基因病的一些主要诊断技术。

　　染色体检查，又称为染色体核型分析。将特定的细胞短期或长期培养后，经过特殊制片和显带技术，在光学显微下观察分裂中期的染色体，确定染色体数目、结构是否发生畸变，是确诊染色体病的基本方法。一般进行染色体检查常用标本是外周血，其次有骨髓细胞、皮肤、肾、睾丸、胸水等。染色体检查适应症如怀疑染色体病的生长发育迟缓、智力低下、多发性畸形、先天心病、皮肤纹理异常等，还有习惯性流产或死胎史、不育症、原发性闭经等。

荧光原位杂交(FISH)技术，是用染色体特异性DNA探针与中期分裂相染色体(或间期细胞核)进行原位杂交，根据特定的荧光信号，在分子水平上检测染色体数目或结构异常。该技术是染色体高分辨显带技术的补充和发展，主要用于分析常规显带技术不能识别的微小标记染色体。

基因诊断。基因诊断分为直接分析和间接分析。当相关基因其结构与变异性已经清晰时，多利用缺陷基内或与其紧密连锁的限制性内切酶酶切位点多态性(RFLPs)为遗传标记，对有缺陷的基因进行连锁分析作出基因诊断。基因诊断方法主要是Southern印迹杂交、寡核苷酸(ASO)探针斑点杂交、等位基因特异PCR、PCR结合酶切分析、DNA单链构象多态性(SSCP)分析等。对舞蹈病、多囊肾病、血友病、苯酮尿症、地中海贫血、进行性肌营养不良等诊断有意义。

产前诊断，又称为宫内诊断，是近代医学科学的重大发展，是生化遗传学、细胞遗传学、分子遗传学和临床相结合的产物。就是在胎儿出生前诊断其是否有遗传病，以便作出选择。产前诊断对象是曾生过染色体病的孕妇、脆性X染色体家系的孕妇、高龄孕妇、父母有基因病的孕妇等。产前诊断可以做形态检查，用B型超声诊断，用胎儿镜检查；还可做染色体诊断，用羊水细胞或绒毛细胞体外培养，经染色体显带技术分析，用于诊断21三体综合征、18三体综合征、13三体综合征，以及X和Y染色体数目异常造成的染色体病等较好；也可利用酶、蛋白质及代谢产物进行诊断。

遗传病的诊断技术发展很快，对于早期发现和预防发病，提高人口质量起到了重要的作用。

判断心肌损伤新的标志物

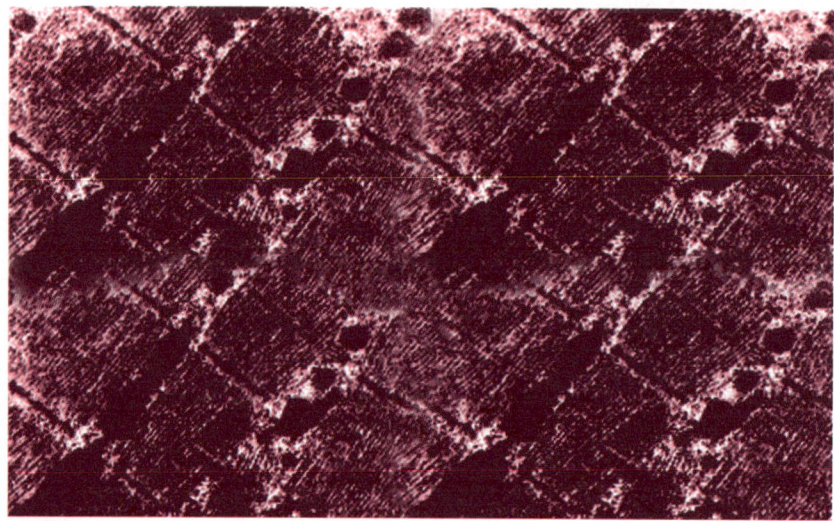

　　健康人的心脏有节律地跳动，每当正前区感到不适时，人们往往对老年人比较敏感地想到是心脏出问题了，而对年轻人或儿童则不经意想到心脏出问题了。怎样判断是不是心脏出问题了呢？不能盲目以为过去没有心脏病就不害怕，不做任何检查。有的人还错误地认为做个心电图看看，如果没问题就没有心脏病。在发病的初期，先做什么检查最有意义呢？应该到大医院检查：肌钙蛋白I(cTnI)、肌酸激酶同工酶(CK—MB)、肌红蛋白(Mb)。因为这三项检查的阳性结果均早于心电图。所以应做三项检查的时候，同时做心电图检查。

　　目前，国内外专家均把这三项检查统称为心肌损伤标志物。

　　肌钙蛋白I是心肌细胞特有的一种收缩蛋白，它只存在于心房肌和心室肌中，并且胎儿、新生儿及成年人的肌钙蛋白I类型相同。肌钙蛋白I不

能透过细胞膜进入血循环。当心肌细胞因缺血、缺氧发生变性坏死时，肌钙蛋白I通过破损细胞释放入血。由于肌钙蛋白I具有在血中出现早，胸痛发作4.3±2.1小时即可升高，12.2±4.6小时达到高峰，持续时间长（7周）的特点，因此对急性心肌梗塞（AMI）诊断敏感性高，特异性强，还可用于不稳定心绞痛、心肌炎的诊断、后期监护、预后及疗效判断。1995年美国FDA批准肌钙蛋白I作为AMI的最新实验室诊断指标。肌钙蛋白I的定量检测比定性检测更敏感，更准确。也有的医院检测肌钙蛋白I定性的同时检测肌钙蛋白I定量。肌钙蛋白T是肌钙蛋白的另一个亚单位，也是心肌损伤的一种较新的指标。由于肌钙蛋白T有多种亚型，并且随发育阶段其亚型数量发生变化。另外，除心肌细胞外的一些肌细胞内也存在，例如肾病时，肌钙蛋白T也有升高。这种交叉反应说明其特异性不如肌钙蛋白I高。

　　肌酸激酶同工酶也是心肌损伤的一个敏感指标，其特异性和敏感性与肌钙蛋白相比没有统计学差异。尤其是检测肌酸激酶同工酶活力比测定其含量更有意义。但肌酸激酶同工酶活力的敏感性低于肌钙蛋白。肌酸激酶同工酶升高一般出现在发病的初期1～4天，所以有些患者在入院前其肌酸激酶同工酶水平已降至正常，此点就是肌酸激酶同工酶的不足。

　　肌红蛋白对急性心肌梗塞的诊断特异性较差，肌细胞受损伤时均可升高，但肌红蛋白在血清中出现的时间早，胸痛发作后4小时内即可升高，对急性心肌梗塞早期诊断的敏感性高于肌钙蛋白，如果连续两次检测血清肌红蛋白在正常范围之内，即可排除急性心肌梗塞存在的可能性。

蛋白尿并非都是肾病

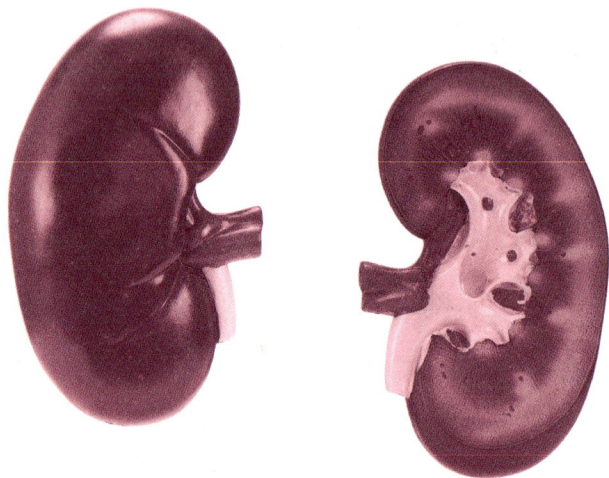

　　许多人以为正常人尿中不应含有蛋白质，如果尿中检出蛋白质就认为患肾病了。真的会是这样吗?

　　肾脏的基本组成是肾单位，两侧肾脏大约有200万个肾单位。一个肾单位由肾小球和肾小管（近曲小管、髓袢和远曲小管）组成。每天体内流经肾小管的血液大约1600升，肾小管具有重吸收功能，将大部分血液重吸收回血，同时又生成原尿170升左右，原尿中有1500～2500毫升生成为人们所说的尿液排出体外。在健康成人尿液中排出的蛋白质总量<150毫克/24小时,青少年可略高一些，但不超过300毫克/24小时。

　　蛋白尿是怎样形成的呢?人体每天有10～15千克血浆蛋白质流经肾循环。正常情况下主要是小分子蛋白质如溶菌酶、β_2-微球蛋白等能被肾小球滤过膜滤过，又被近曲肾小管重吸收，在上皮细胞内水解成氨基酸，然后进入血循环。蛋白质的重吸收过程具有竞争性，若一种小分子蛋白滤过增加，就会影响其他蛋白质的重吸收，而使尿液中蛋白质的含量增加，所以正常人尿液中含有少量蛋白质，如果超过150毫克／24小时，就要考虑到是病理性蛋白尿。

病理性蛋白尿分为：

肾前性蛋白尿：有免疫球 蛋白轻链蛋白尿、血红蛋白尿、肌红蛋白尿、视黄醇结合蛋白尿、β_2-微球蛋白尿。溢出性蛋白尿就属于此类。

肾性蛋白尿：它又分为肾小球性、肾小管性和混合蛋白尿。肾小球性又分为选择性蛋白尿，尿中含有白蛋白、转铁蛋白、痕迹免疫球蛋白，血清中α_2-微球蛋白升高；非选择性蛋白尿，尿中除了含有以上蛋白以外，还有大量免疫球蛋白排出。肾小球性蛋白尿常见于肾小球肾炎、传染病、多尿症、自身免疫病和肿瘤。肾小管性蛋白尿，尿中会有痕迹的白蛋白、转铁蛋白、免疫球蛋白和大量的微蛋白，常见于肾盂肾炎、肾血管病、基因病以及肾毒物质所造成的疾病。混合蛋白尿，尿中含有大量的白蛋白、转铁蛋白、免疫球蛋白和微蛋白，常见于肾病综合征。

肾后性蛋白尿：是指尿蛋白呈暂时性增加，是一种可恢复现象，又分为功能性蛋白尿和直立性蛋白尿。前一种为受各种因素如高温剧烈运动、高烧或受寒等引起肾小球由血液动力学改变而发生的蛋白尿，当这些因素去除后，尿蛋白即消失。后一种常见于青春发育期的青少年。当采用直立姿势时出现蛋白尿，卧位时尿蛋白消失，且无高血压、浮肿及血尿等异常表现。对此种情况出现的原因还不十分清楚，目前认为与血液动力学和内分泌激素调节改变有关。

病毒性心肌炎诊断进展

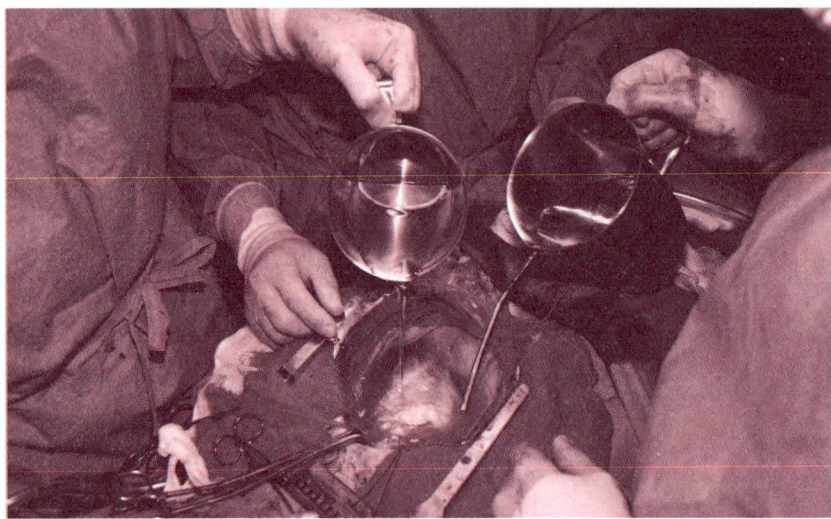

　　病毒性心肌炎是病毒感染引起的局灶性或弥漫性的心肌间质炎症或坏死的病变，导致不同程度的心功能障碍和周身症状的疾病。引起心肌炎的病毒已证明有20余种，以肠道病毒，包括柯萨奇A、B组病毒、脊髓灰质炎病毒、埃可病毒等为常见，尤其是柯萨奇B组（CVB）最多。

　　心肌炎的发病机理比较复杂，迄今未明。近十年来，在病毒所致溶细胞作用，病毒感染致细胞介导的细胞毒性所致细胞损伤和基因及自身免疫作用等方面研究较多。实验证明，白介素-Ⅰ、IFN-r及肿瘤坏死因子（TNF）也参与心肌炎发病的免疫机制。

　　病毒性心肌炎的临床特点：一般都有前驱症状；病情轻重悬殊，轻者无明显症状，重症可在发病1～2天内突然出现心源性休克等；炎症不局限于心肌，可累及心包、心内膜，少数累及瓣膜、乳头肌、腱索；多脏

器受累，特别是婴幼儿易发生；恢复过程急性期达数月。

病毒性心肌炎的诊断依据早已于1978年制定，1994年和1999年又作了两次修改。下面介绍一下病毒性心肌炎诊断新技术。

心电图表现。病毒性心肌炎心电图改变具有多样性和多变性，急性期可出现所有类型异常心电图，常见的有ST—T改变、异位心律和传导阻滞。慢性心肌炎除上述改变外，多数有房室扩大或肥厚，部分有心包炎、心包积液的相应心电图。

超声心动图表现。病毒性心肌炎的超声心动图轻重病例差异很大，轻者可正常，重症有明显的形态上和功能上的异常改变。主要表现为心肌收缩功能异常，心室充盈异常，区域性室壁运动异常，常见左室扩大。

病毒学检测。急性病毒性心肌炎患者检测病毒中和抗体阳性率为40%左右。应用聚合酶连锁反应检测PCR或者原位杂交的方法检测心内膜活检标本中的病毒RNA，检出率达68%。应用PCR检测心肌炎患者外周血细胞中肠道病毒核酸，其阳性率达60%以上。

免疫学测定体液免疫中抗核抗体、抗心肌抗体、类风湿因子、抗补体抗体、抗ADP／ATP载体抗体阳性率常增高，补体C_3及CH_{50}则常低于常人。在急性心肌炎中研究发现，自然杀伤细胞活性降低，有T细胞亚群改变，外周血CD_3、CD_4及CD_8细胞常低于正常。

同位素影像学诊断心肌显像技术，尤其是特异性抗肌凝蛋白心肌显影技术。当心肌细胞坏死，肌凝蛋白重链与抗肌凝蛋白特异抗体结合，形成抗原抗体复合物，应用放射性核毒标记抗体即可显影。

还有心肌酶谱及肌钙蛋白的测定，心内膜心肌活检等都为病毒性心肌炎临床诊断提供有力依据。但是，还要综合分析临床资料，注意病程和病史的演变过程。

ok

高血压新诊断标准的意义

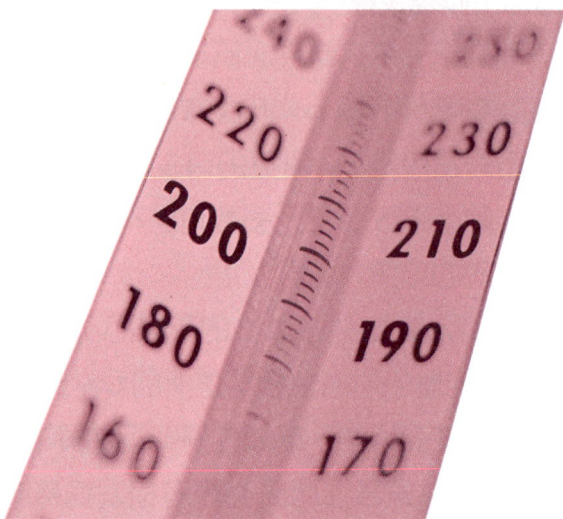

　　高血压是危害人类健康的常见病，以往世界上对高血压的诊断尚无统一标准，现今全世界已有统一的高血压诊断标准，这就是1999年世界卫生组织／国际高血压协会（WHO／ISH）制定的标准和我国高血压联盟同年提出的中国高血压防治指南的诊断标准。这一诊断标准是近20年全世界医学家进行高血压基础研究和大量临床试验所取得的重大成果，新标准对提高我国高血压防治的水平有重要意义。

　　按高血压患者的血压水平分类：血压水平与心血管病危险呈连续性相关。我国四次修定高血压定义，与目前国际上两个主要的高血压治疗指南的血压分类基本一致。1999年2月出版的《WHO／ISH高血压治疗指南》亦将高血压定义为：未服抗高血压药情况下，收缩压≥140mmHg和（或）舒张压≥90mmHg。将临界高血压列为1级亚组，将收缩压≥

140mmHg 和舒张压＜90mmHg 单独列为单纯性收缩期高血压,将收缩压140~149mmHg,舒张压＜90mmHg 列为临界性单纯性收缩期高血压,两个指南的分类标准相同。其中强调,患者血压增高,决定应否给予降压治疗时,不仅要根据其血压水平,还要根据其危险因素的数量与程度。"轻度高血压"只是与重度血压升高相对而言,并不意味着预后必然良性。

血压对于男女老少个体均有差别,年龄越小,收缩压越低。婴幼儿血压与4岁大儿童大致相同,一般收缩压不得低于75~80mmHg。4岁以下儿童血压的参考值可按下式计算:收缩压(mmHg)=92×周岁数+80,而舒张压为收缩压的2/3~3/5。

部分青年在参加劳动或运动之后,血压有所增高,甚至于在活动量小时血压也会偏高。这种血压高的现象往往出现在身体生长发育期的青年人身上,医学上称之为"青年性高血压"或"青少年性高血压"。这类高血压是身体发育过程中的一个特殊生理现象,跟病理性高血压不是一回事。对这类高血压,要根据个体差异,灵活观察确认。然而,青少年高血压的特点是舒张压升高不很明显,收缩压一般都在150mmHg。在激烈运动后,心血管系统的反应较一般人更大。

导致青少年高血压的原因是:处在发育期的青少年,心脏的生长发育比身体其他部分的发育稍显迟缓,体内血管也比较狭细,要使血流在狭细的血管中流动,心脏非加大工作量不可,这就造成了青少年人的心脏压力较大,出现血压偏高现象。还有,青少年尤其是男孩子,性腺和甲状腺分泌旺盛,使神经系统常处于兴奋状态,影响心血管系统的调节功能,也是造成青少年高血压的一个重要原因。

综合控制高血压的危险因素

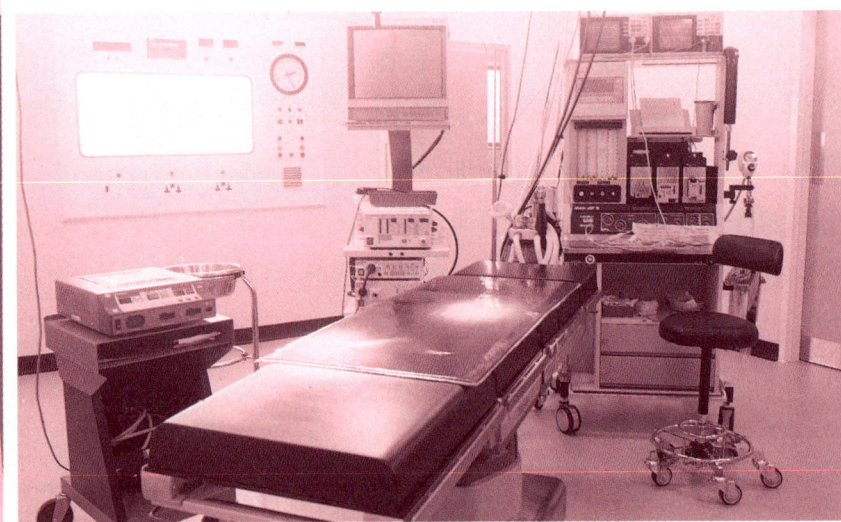

　　高血压病是常见心血管病之一，以往人们只重视用药物降压治疗，大量研究揭示，重视对高血压病危险因素的控制更重要，这些危险因素包括糖耐量异常、肥胖、血脂紊乱、血液凝集异常、高尿酸血症和微白蛋白尿等，被称之为"X代谢紊乱综合征"，与胰岛素抵抗有关。

　　高血压病和这些危险因素相互协同损害心血管系统。冠心病是高血压病的重要并发症。研究指出，在高血压病患者中，40％的男性和60％的女性患者的冠心病与两个或更多的危险因素有关，而单独与高血压病相关的冠心病在男性和女性患者中分别为14％和5％。其他的危险因素还包括心率加快、左室肥厚。最近的人群研究资料显示，高血压病伴肾素水平升高将独立增加冠心病事件的发生。可见高血压病往往合并有多种危险因素，其并发症与伴随的危险因素有关。许多研究指出，尽管积极降低血

压，冠心病的患病率和死亡率降低并未达到预期水平；缺血性脑卒中和终末期肾病的患病率上升。因此，对于高血压病的治疗不应只局限于降低血压本身，更应注重对于危险因素的综合控制。高血压病的防治应建立在这一新概念的基础之上，不应只考虑血压水平，还要评估并存的危险因素，若有明确的危险因素或合并其他心血管疾病，即便血压在正常范围也应给予治疗。在有心血管病的高危患者以及糖尿病患者中，血管紧张素转换酶抑制剂可使心血管病死亡率降低25％，心肌梗死死亡率降低20％，中风发生率降低32％。不同的抗高血压药物对高血压病伴随危险因素的影响不同，所以要根据高血压病患者是否有心血管危险因素和相关的临床情况选择抗高血压药物。

遗传是高血压病及其危险因素发生的决定因素之一，深入开展其基础研究对于高血压病防治大有裨益。目前，人类后基因组时代已经到来，虽然97％的人类基因序列已经解析出来，但仍有约90％的人类基因其功能尚不了解。高血压病是多基因疾病，通过高血压致病候选基因和相关基因的研究，有可能从分子水平上了解高血压病的发病机制，为高血压病的诊断、治疗及易感性研究打好基础。如何将高血压基因多态性研究深入下去，这是当前迫切需要解决的问题。由于高血压病是多基因疾病，应根据其病理生理改变，选择多个候选基因进行分析，检验候选基因之间是否存在连锁不平衡，应用传统不平衡检验和多因素分析的方法探讨多基因在高血压发病机制中的作用。

进入新世纪，循环医学的发展使高血压的治疗模式发生了转变，既要降低血压，更要注重危险因素的综合控制。展望未来，人类基因结构和功能的研究成果日新月异，应注重基础和临床学科的合作，澄清高血压的致病基因和作用模式，应用基因治疗从根本上解决高血压病这一顽症。

早识肿瘤的特殊方法

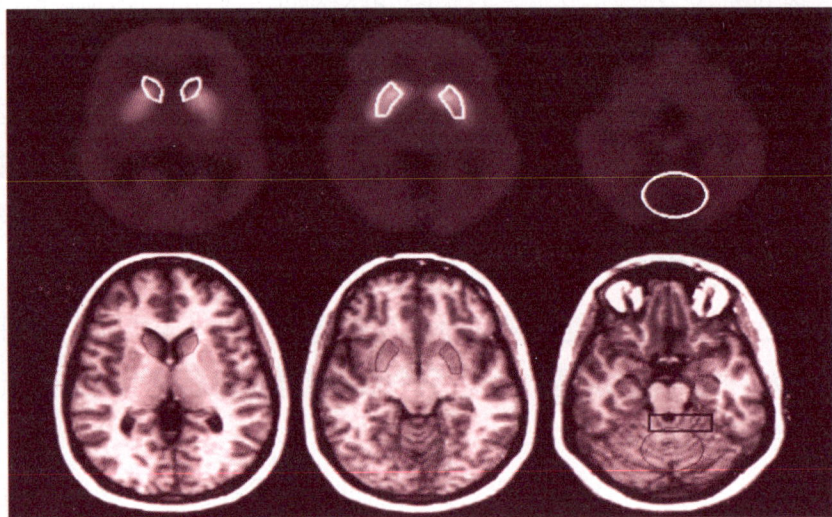

　　我国肿瘤患者数量正以3％的速度逐年递增，每年约有160万新增加病人，每年死于肿瘤的人数达130万人之多。但是，由于人们缺乏肿瘤识别和防治知识，往往忽视了肿瘤的早期发现，失去了治疗的最佳时机，这不仅给患者带来极大的痛苦，也大大地降低了生存率。制服肿瘤的关键还是早期发现，把它消灭在萌芽之中。

　　一般检查肿瘤方法分为两类：一类是常规检查法，包括病人的症状、体征、病史、体检、化验等。早期肿瘤无明显症状，因而较难发现。但是总会有些蛛丝马迹的，如食道癌早期吞咽困难、打嗝等；胃癌上腹部不适、食欲不振等；肺癌的胸闷、咳嗽、痰带血等；肠癌的腹泻、血便等……稍有不适立即检查，有75％以上肿瘤是体检发现的。第二类是到医院的特殊检查，对于难以确诊的肿瘤必须采取这类检查方法。特殊检查有以下几

种：

普通 X 线摄片 X 线片可发现肿瘤的部位、大小、浸润周围组织范围等，诊断准确率较高。目前广泛用于身体各部位的诊断。

CT 即计算机 X 线断层摄影，比 X 线检查更细密，是 X 线束对身体断面多方向扫描，将图像显示在电视荧屏上或胶片上。CT 诊断图像清晰、分辨率高，可发现 1 厘米大小的病灶组织，很适宜肿瘤早期诊断。

核磁共振（MIR）成像是利用射线在磁场内偏移程度显像技术，分辨率高，有的部位清晰度超过 CT，能观察到些生理病理变化。

干板照相又称静电摄影，是利用半导体材硒在黑暗中为绝缘体，受 X 线照射后变为导体性质制成的。由于具有"边缘效应"，对于软组织影像优于 X 线胶片，乳癌易被发现。

放射性同位素诊断，将放射性同位素制成示踪剂，让其进入人体检查脏器中，根据示踪剂不同显示肿瘤类型及差异，再拍成照片分析肿瘤的部位、大小等。

超声波目前广泛应用的是 B 超，根据反射波的不同强弱光点，检查肿瘤部位的切面图像，可看到病变大小、范围与周围组织关系。通常对 2 厘米肿物即可探测出来。

热像图是一种物理技术早期发现肿瘤方法。原理是利用红外线探测器对乳腺表面扫描，发现表面"热点"显示在荧屏或胶片上。热点通常即为肿瘤所在。

癌细胞检查，检查各种脱落细胞和肿瘤组织切片。这对肿瘤诊断有直接生物学和组织学意义。

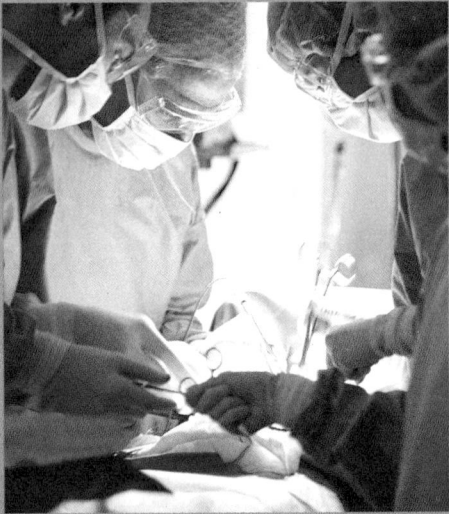

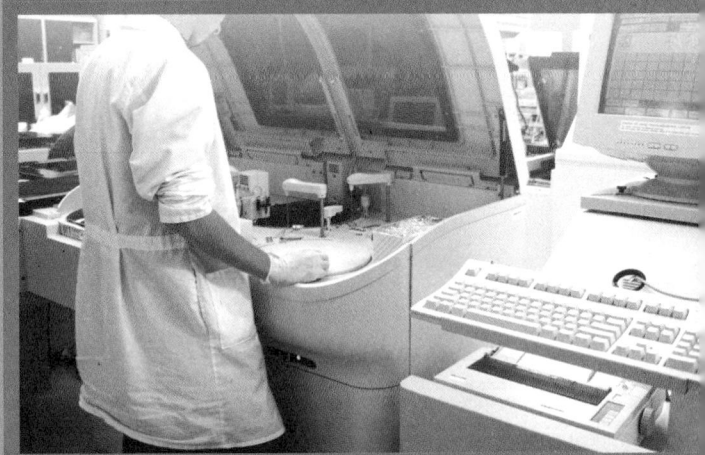

第二章 救死扶伤的"前沿阵地"

随着医学的不断发展，传统的生物医学模式已经逐渐向生物—心理—社会医学模式转变。现代医学在病因学、诊断学、治疗学等方面都强调了整体思想，不单纯从生物病理等方面考虑疾病，尤其在治疗方面就更加日益重视个体的积极性，从个体心理及环境等方面综合考虑，制订全面的治疗计划，并保证其顺利实施。

人类在争取健康生活的道路上，针对"疾病"的攻击，逐渐形成了三大医学体系，这就是作为第一医学的"临床医学"，作为第二医学的"预防医学"，作为第三医学的"康复医学"。但是，对于现代人来说，简单地分为"患病"与"无病"这两个类型已经不妥当了。许许多多的人是介乎于这两者之间的。他们虽然算不上"患病"，但却出现体力下降、紧张压抑、经常头痛、失眠多梦、焦虑不安、疲惫乏力等状态，因此也不算是生理上、心理上和社会的适应性完好的"健康人"状态。那么，不妨把这些介于"患病"与"健康"之间的人群称为"灰色健康状态"或者"亚健康状态"或者"健康的第三状态"。进而，形成了现代医学的一个重要研究学科——"第四医学"，属于"自我保健医学"内容范畴。

临床医学的进展也是突飞猛进的。随着诊断技术的不断发展，对许多疾病的认识越来越清楚了；由于许多新的行之有效的药品问世，很多疾病的治疗已经不成问题了，甚至许多高难手术随着电子信息技术的发展，也有了惊人的成就。例如，聚焦超声外科，机器人手术，激光手术刀、细胞刀、X光刀、全身伽马刀的应用，腹腔镜微创手术，介入治疗技术等等，均开创了临床医学发展的美好前景。

明天医疗的新变化

　　20世纪90年代是人类生命科学空前活跃的时期，医学模式发生根本变化，进入了以预防保健医学为主的新时代。它不再局限于有病治病和简单对症治疗，而是对人一生中的衣食住行采取全方位的医学科学保健。

　　针对现代医疗保健新模式和人们对医学的关注，医学也有了新的分工。人们把专门为患者诊疗疾病的临床医学称为第一医学；把从事人群预防疾病发生和发展的预防医学称为第二医学；把不同疾病为人们留下后遗症治疗的康复医学称为第三医学；把研究和发展自我保健医学称为第四医学。其中第四医学不仅强调自我保健，还包括家庭、亲友、邻居、社区的人群健康。随着分子生物学的迅速发展，预测医学也将随着基因工程技术开展而得到普及。

　　随着医学模式的新变化，医院也在深入发展。医院将从单纯临床治

疗向着综合性发展，从疾病救治向心理医疗迈进，从注重治疗向注重预防过渡，从药物治疗向基因治疗探索。相继而来，医院的结构也在变动，医院的分散性、专一性显得更明显了。随着社会的发展和科技的进步，以及民众对医学的需求，将大力开展全新的"全科医学"。

基层医疗单位：世界各国重点建设全科医学。

全科医学亦称家庭医学，是综合了生物医学、行为医学和社会科学的新兴医疗专科，具有全方位、全日程和双介入的特点。它是一种以个人为中心，以家庭为单位，以社区为范畴，以预防为导向的专业化医疗保健服务模式。目前，一些国家法律规定：病人必须经过全科医生诊治或转诊，否则不能享受医疗保险。

综合医院：负责开创医、教、研三结合基地外，还向专科方向发展。

综合医院设有临床医学、预防医学、康复医学、保健医学各部。临床医学还分内、外、妇、儿、五官等二级科室。

当病人走进医院，在挂号同时采血化验。当走进诊室，联网的电脑医生就显示出上百项化验结果。根据病人的症状体征变化分析，诊断出疾病结果。几乎所有的操作都是自动化的。

遥诊医学又为疑难病人会诊提供了极大的方便。借联网通讯设备，可以请各地名医会诊，连检查的影像都可以在屏幕上显示出来。诊断明确了，也会制订出科学的治疗方案。预防医学和康复医学都进入了新的变革时期，出现许多先进的医疗设备。

21 世纪是"生命科学世纪"，基因工程是生命科学的"火车头"，将出现许多基因药物、基因食品、基因器官、基因组织等，医学将呈现出广阔迷人的前景。

纳米治疗领域更灿烂

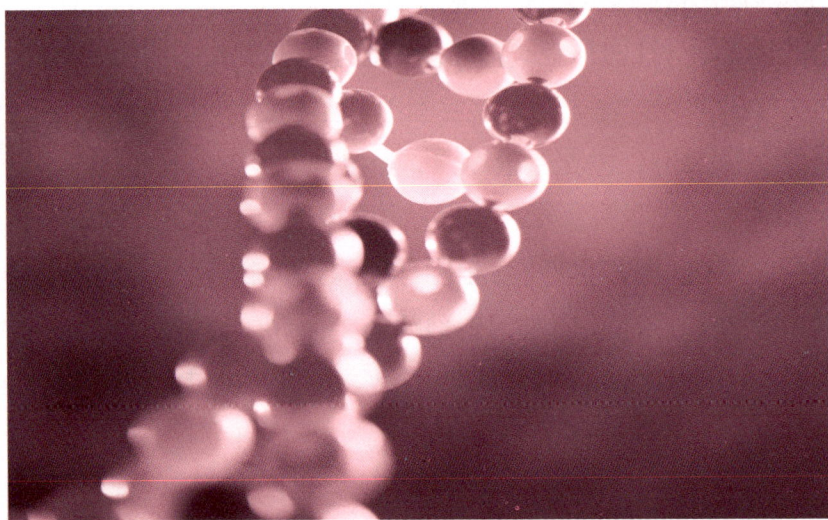

　　纳米技术是关于在0.10～100纳米（即十亿分之一米）尺度的空间内的电子、原子、分子运动规律和特性的崭新技术。它为医学的发展开辟了广阔的道路，在医疗领域里的前途更为灿烂。

　　纳米的基因治疗。基因治疗的最大难题是，找到病变细胞的DNA链，并进一步明确有病的DNA片段，然后利用纳米技术，将用于治疗的DNA片段送进病变细胞内，替换有病的DNA片段。这需要将DNA浓缩至50～200纳米大小且带上负电荷，才能进入细胞内。其插入的准确位点取决于纳米粒子的大小和结构。

　　纳米在器官移植方面应用。纳米所要做的是寻找生物兼容物质。在器官移植领域，只要在人工器官外面涂上纳米粒子，就可以预防人工器官移植的排异反应。生物兼容物质的开发，是纳米材料在医学领域中的一个

重要应用。

纳米在开发新药应用。纳米级粒子可使药物在人体内传输更为方便。数层纳米粒子包裹着的智能药物进入后可主动搜索并攻击癌细胞或修补损伤组织。美国研制的"微型药店"即可植入的微型芯片，有针尖大小，可容纳25毫微升药物；我国新研制出来的纳米级新一代抗菌素药物，直径只有25纳米；目前，正在研制一种治疗糖尿病用的超微型传感器，可以模拟健康人的葡萄糖检测系统，监测血糖，按需要释放胰岛素。

纳米治疗肿瘤的特殊功效。将极细小的氧化铁纳米颗粒注入癌瘤里，再将患者置于可变的磁场中，使肿瘤里的氧化铁纳米颗粒升温到45～47℃，这温度足以烧毁癌瘤细胞，而周围健康组织不会受到伤害；另外，将磁性纳米颗粒与药物结合，注入到体内，在外磁场作用下，药物向病变部位集中，从而达到定向治疗的目的，大大提高抗肿瘤疗效。最近，科学家又发明了一种小于20纳米的"聪明炸弹"能认读癌细胞的化学"签字"，能把癌细胞作为靶细胞，钻进癌细胞内炸个片甲不留。

纳米机器人的开发与治疗。现在，科学家正在研制可以遨游人体微观世界，随时随地清除体内一切有害物质的机器人，使人体激活能量，保持健康，延长生命。例如，动脉硬化的治疗纳米微型机器人能从动脉壁上清除粥样沉积物；血栓的治疗可应用纳米机器人深入到栓塞部位将血栓打成碎块，疏通血管；胆结石也同样进入胆囊击碎排除；风湿和类风湿性关节炎，可用纳米机器人深入骨关节打碎免疫复合物，再清除体外；像烧伤除疤、清除寄生虫、组织的构建和修复、肺内焦油的清除等均可将其作为有力的工具。

纳米医疗有巨大潜力，这把微观世界的钥匙一经打开大门，医学治疗领域将出现广阔而灿烂的前景。

ok

运筹荧屏千里救人

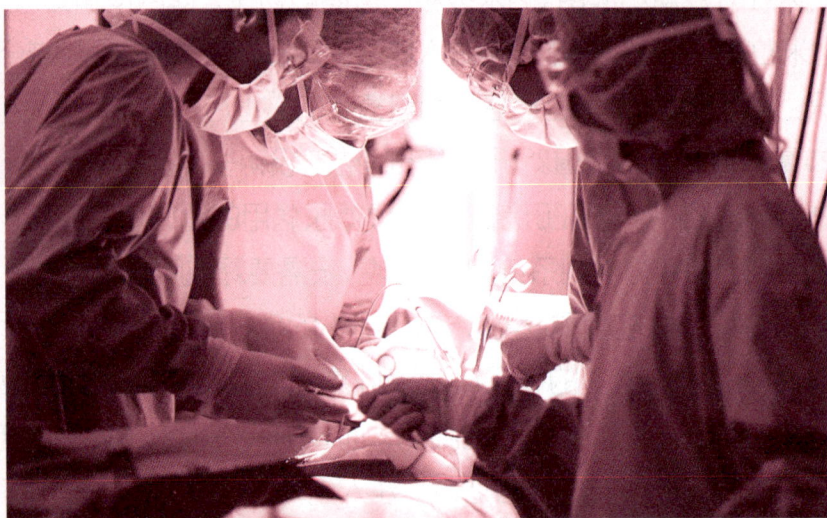

走进21世纪的人类信息时代，电脑网络飞速发展，也为医学领域带来了新的革命。许多疑难病例难以确诊，治疗更难，有了互联网就把世界医学连为一体，许多疑难病便迎刃而解。1996年3月，清华大学化学系三年级学生朱令因中毒病危诊断不清，无法治疗，3个多月束手无策。经世界互联网寻求会诊，仅20多分钟收到2000多个诊断信息，最后诊断为铊中毒。经临床排铊治疗，病情很快好转。

所谓远程医疗会诊，就是把患者的有关资料输入电脑网络，实现远程和异地之间的计算机连接，使相隔千百里的医生、病人能进行"面对面"的可视性对话、讨论和疾病诊断。病人的病史资料、影像资料、化验数据、物理检查结果等都可以通过发达的电脑信息网同步或异步传输。这样，有经验的医学专家就能在荧屏前为远在千里之外的医生和病人出谋划

策，提供及时的、全面的、高质量的会诊和治疗。

1998年5月，我国南方某市有位平素健康的中年男子突然发生大咯血，被送进市内最大的医院抢救。经止血、镇静、输血、补液、吸氧等综合性治疗，均未有效地控制病情，病人仍咯血不止。当医生束手无策，病人生命危在旦夕时，若转运广州，一路颠簸，定会途中夭亡。

经与广州医学院附属医院、广州电信局远程医疗会诊中心联系，采用全天候开通的DDN数据专线，利用高科技通讯手段和多媒体技术组成的电视会诊系统，使两地医疗协作单位随时进行动态电视直播会诊。远在广州的胸外科专家立即通过电视画面进行双向性、可视性会诊，当决定开胸手术时，广州专家立即分成两组，一组驱车赶赴现场手术，另一组仍坚持电视指导抢救。开胸手术中，两地专家相互研讨，最后确诊为右上肺支气管动脉瘤破裂导致出血，手术切除病变肺叶后，病人转危为安。这一快捷全方位千里救人高新技术，显示出远程医疗的崭新社会效益。

近年来，美国航天局艾姆斯研究中心开发的"软件手术刀"，可以根据人类头部扫描数据绘出精密的三维电脑图，医生可利用远程监视器显现患者头颅立体影像进行微细脑手术治疗，并且取得良好的效果。

中国地域广阔，人口众多，许多地区缺医少药。远程医疗的优势将展示在高质量医疗和保健服务之中，会给许多边远地区的疑难病人解除病痛带来方便。随着国家卫生部创办的"金卫工程"逐步实施，将会有更多的地区通过现代通讯传递手段，提供优质便捷的医疗服务，促进医疗技术交流，达到资源共享的目的。

护理工作的电子化技术

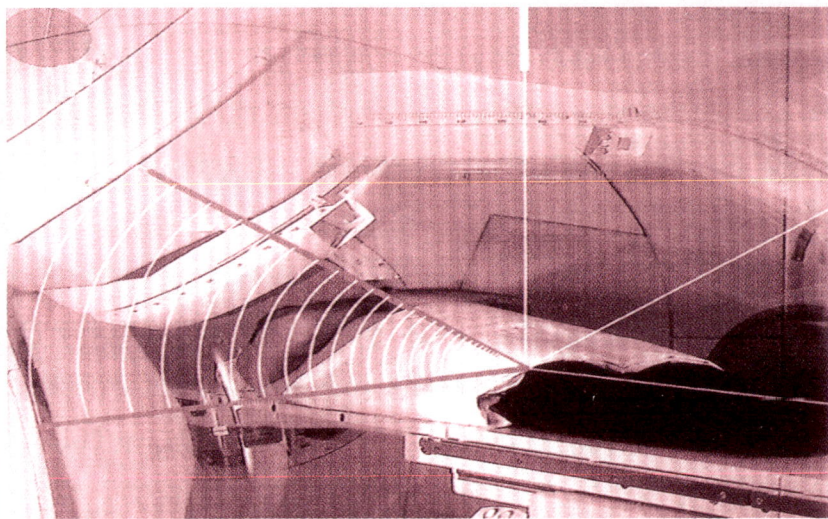

　　人们总喜欢把护士比作白衣天使，似乎是上帝派来照料和护理伤员和老、弱、病、残的使者。的确，无论是临床护理工作，还是预防保健工作，都是技术性很强的医疗卫生工作中的重要组成部分。

　　临床护理工作还包括基础护理和专科护理两部分。基础护理包括观察和记录病情，按照医嘱执行治疗、给药、注射；测量病人的体温、脉搏、呼吸、血压；进行消毒、隔离、灌洗、导尿、冷热敷等技术操作；处理病人的饮食，排泄、淋浴等个人卫生，以及病室环境和床褥衣被等用品的整洁管理，并对病人进行卫生、保健等方面的指导。结合临床各科的特点再进行"专科护理"。预防保健护理主要在居民地段或病人家中进行，其内容主要包括家庭访视、卫生宣传、预防接种、妇幼保健和卫生防疫的工作。

说实在的，护理工作是十分辛苦的。常言说得好，"医生磨破嘴，护士跑断腿"，就说明护理工作不仅是技术性强，而且劳动强度也大。到了21世纪还要"护士跑断腿"吗？放心吧！电子设备解放了人类，也一定会解放白衣天使的。

电子技术护理。现代化医院增加了电子护士设备—— 电子监护仪、电子治疗仪、电子生活护理仪等取代了许多护士的"跑腿"工作，像心脏监护、重病监护、分娩监护等都是自动化进行。

体温、血压、心率、呼吸、心电等都能自动记录。并且出现危急情况会自动报警！输液、注射药物在设备的调控下有安全保证。在心脏监护仪的护理下，急性心肌梗塞的死亡率由过去的30%降低到8%以下。

生活护理机器人。对于瘫痪病人的护理是很艰难的。有了电子护理仪，病人的翻身、擦浴、喂饭等就方便了。凡是不能行走的病人，可坐在一辆八条腿的"会走的椅子"上，楼上楼下自由行走。这种"行走器"可按乘坐者的指挥跨越一定的障碍。

电子眼传递信息方便。现在已经发明了电子眼镜，行走不便的病人可以按要求转动眼球，病房里的电脑护士收到眼球转动发出的信号，并按着这些信号给病人开门、关门、开电视、关电扇，甚至于调节室内的温度。

遥诊医学的特殊天使。遥诊医学现在陆续普及开了，电脑护士走出医院大门，到病人家中去从事各种家庭护理。心脏病人或其他急重病人可以请电脑护士做安全调控，它还可以在紧急状态时自动报警，甚至于能把心电图清晰地传给医生。当外地或家属需要了解病情时，还可以将各种生理参数和图像显示传递出去。

护理工作在电脑的帮助下解放了，这是高科技发展的必然规律。未来的前景将越来越广阔。

ok

手术不出血的刀

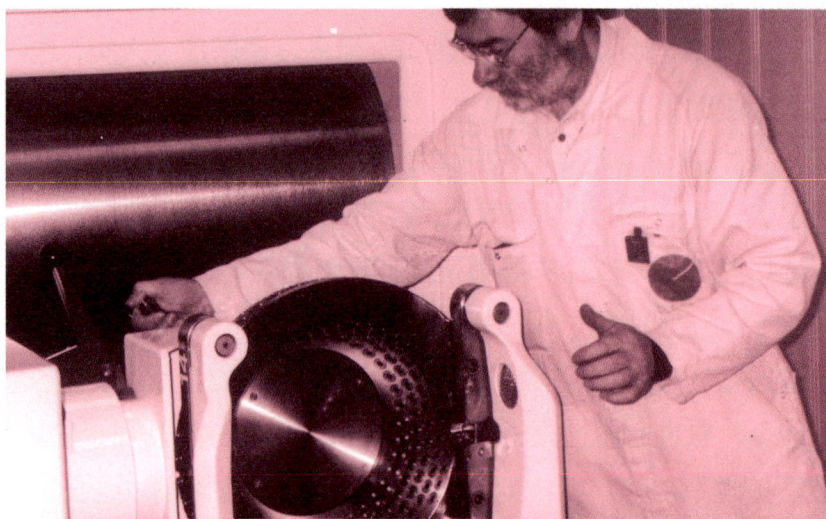

　　手术就是用刀把身上的病灶切割下来。人体到处都是血管，刀一下去血液就流出来了。自从有手术的上千年来，医生在研究不出血的手术刀，一直没有结果。手术出血给外科医生带来了许多头疼的麻烦。也给病人造成了大量的消耗和损失，丢失了许多重要的物质。手术中，由于模糊了器官，遮挡了视野，增加了难度，容易导致手术失败。因此，医学史上有多少人在攻克这一难题，一直被认为是幻想。

　　1960年美国物理学家奥多·梅曼试制出来世界第一台激光器，发现了激光的奇特效应，人们对于制造"不出血"的手术刀似乎看到了希望。1972年西德医生用二氧化碳激光手术刀，成功地进行了人体内脏手术；1977年日本医生用激光刀做脑外科手术效果很好；1978年美国华盛顿大学研制出光纤导激光刀，并用这种手术刀顺利地完成了皮肤移植手术。然而，这些激光手术刀局限性很大，有许多难以克服的缺点。最近，研制出来了多用性激光手术刀，很快会推广应用。

激光应用于医学，成为一门崭新的妙手回春的激光医学。做手术不出血，特别是对血管比较丰富的脏器做手术不出血，为医疗开创了优质服务的新局面。

为什么用激光刀做手术不出血呢？其原因就是激光的方向性非常强。激光束经过透镜聚焦后，在焦点处可得到极高的功率，就是手术刀密度。如果把激光束比做外科手术刀，则焦点就是刀刃。用它做手术时，在切口处最高可产生 5600℃ 的高温，反应时间为毫秒级，切口宽度不到 1 毫米，接受手术的患者无需麻醉，一点也不感到疼痛。激光手术刀不是把皮肉或骨骼切开，而是对其进行高温汽化，使被切断的小血管凝固封闭，出血量只有一般手术的 1/10。因此，可做到边切开、边止血、边消毒。如果需要连续切割活组织时，可使激光以一定的速度移动。为使创面早日封口愈合，还可以通过聚焦把激光汇集在微米数量级的细线上，这样可使伤口变得很细很细。目前，低功率的激光刀已经开始推广，最常用的是几十瓦到上百瓦的二氧化碳激光器和钇铝石榴石激光器。

随着激光器技术的不断改进，可以将"手术刀"做成药丸大小，连接一根又细又软的光导纤维，安装在内诊器内。病人若吞进胃肠，可以隔着肚皮切除胃肠肿瘤。在应用激光治疗肾和膀胱结石时也获得了可喜的成果。癌症经过激光手术可以不转移，75% 以上可以治愈。器官移植将达到百植百胜的效果。激光医学还为生物医学引申到分子水平开创出新途径。

连续性血液净化抢救奇效

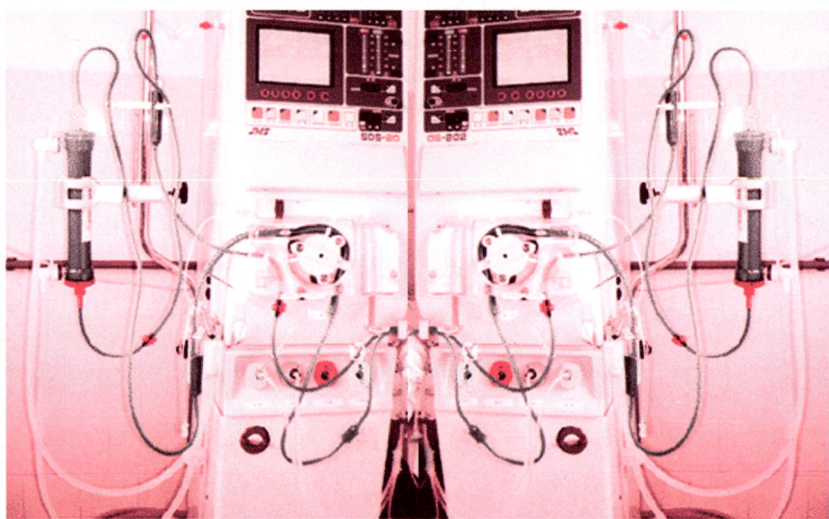

　　一个全新的治疗手段——应用连续性血液净化为危重病人换血治疗疾病，临床上通常采取两种手段——对因和对症。毫无疑问这是正确的，而连续性血液净化术的出现，迅速、全面地清除体内有害物质，大大提高了救死率，又为医学界救死扶伤锦上添花。

　　现实生活中我们不难见到，有多少人死于重症胰腺炎、农药中毒等毒血症；有多少人死于重症感染、严重烧伤等菌血症；又有多少人死于严重创伤、多器官衰竭、急性呼吸窘迫等急症。针对体内的有害物质，临床医生可以采取中和毒素、抑制免疫、抗感染等一系列措施。但体内有害物质的清除受时间、物质间相互作用、相应器官功能状态、内环境等许多因素制约，而且到目前为止，还没有一种药物能彻底清除体内的有害物质。然而，连续性血液净化术的出现就能轻松达此目的。

　　这种先进的血透仪能做到在置换100升水时进出量的误差不大于0.5毫升，为了有利于有害物质的滤过并提高疗效，现已将最早的单纯滤过进行了改良，加大了分子滤过的孔径，除依赖血透仪的更新外，连续性血液净化还凭借免疫吸附柱的进展，将有害物质吸附掉，提高救治成功率。

　　如果对连续性血液净化还有什么怀疑的话，请看看下面两个实际例子，相信它能有效说明问题。

　　一名重症胰腺炎病人，因体内不明因子造成脑损伤，出现抽搐，消化科医生对此束手无策，当急得焦头烂额时，向肾脏病治疗中心询问，试用连续性血液净化的想法产生了，不料只用该法治疗了2小时，就使病症得到了缓解，虽然不能说这全是连续血液净化的功劳，吸氧、消除脑细胞水肿等对症疗法也很重要，但如果不是应用了连续性血液净化术，病情的缓解恐怕没这么容易。

　　一位服毒自杀的女青年被送到医院时呼吸已经停止了，由于随行的人谁也不知道姑娘服了什么毒，中毒症状又不十分典型，而无法对症下药，在抢救过程中她的心脏也停止了跳动，在气管插管、心脏复苏的同时，急诊科医生突然想起应用连续性血液净化可以彻底、及时、有效地清除体内毒素，如此处置之后，病人竟然奇迹般复活了。

　　连续性血液净化不仅安全、有效，而且在整个应用过程中病人没有什么不适，且不受年龄、机体状态等因素限制，一些老年人，甚至是90岁高龄的多器官衰竭的老年人也能接受。该疗法被推广使用还在于它能保持病人体温、血压、酸碱度稳定和离子平衡。

　　综上所述，完全有理由相信，随着研究的不断进展，连续性血液净化术的应用范围将越来越广泛，在抢救危重病人方面必将发挥越来越大的作用。

腹腔镜微创手术时代到来

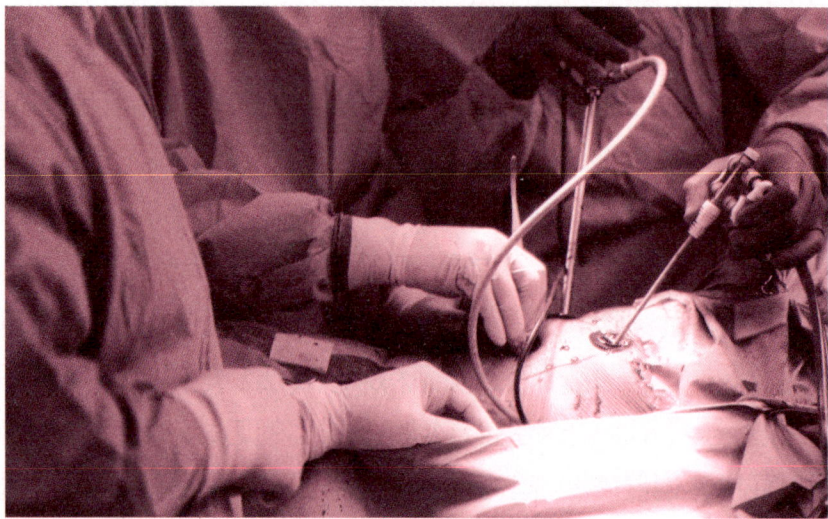

　　外科手术是疾病治疗中一种很无奈的选择，它本身也是一种创伤，有部分病人甚至难以承受手术的打击和术后痛苦。现代外科手术追求"微创"，即在达到手术目的同时，尽量减少手术造成的损伤及留下的缺憾，这样才能称得上较为完美的手术。现代外科手术器械的出现，尤其是近几年来腹腔镜手术日趋成熟，不仅根治了疾病，还减轻了痛苦。腹腔镜手术为外科开辟了新的里程。

　　腹腔镜手术将现代高科技与传统外科技术结合起来，是一种不用剖腹、创伤小、痛苦轻、恢复快，且较完全的新方法。它主要是使用光导纤维提供照明，并运用数字摄像技术使腹腔镜摄像头"看到"的东西在电视屏幕上显示。医生可以通过腹腔镜摄像头的位置，从不同角度摄取腹腔内器官的图像，这时在电视屏幕上将同步显示所摄到的每一个镜头，然后，医生就可以对病人的病情进行判定，或者通过一些特殊的器具进行手术。腹腔镜在腹腔内操作必须有一个足够大的空间，所以将气体注入病人腹腔，通过人工气腹，将腹壁和肠子分开，使腹腔内腾出足够大的观察和操作的空间。为了避免腹腔内脏器被光源灼伤，腹腔镜使用的是不会发热的冷光源，在腹腔内供照明的同时兼顾了安全性。

腹腔镜手术发展得非常迅速。例如腹腔镜胆囊切除术，20世纪90年代初还只有少数国家医院能做。如今许多国家的一般医院也普及了。现在的大肠癌、阑尾炎、胃、肝等切除术均可以用腹腔镜了。腹腔镜的应用范围越来越广泛了，真可谓是一场微创手术革命。

使用腹腔镜进行检查和手术有很多优点：第一，腹腔镜不必在腹部切开较大的切口，只需要穿刺几个孔，切口也无需缝合，术后也不会留下较大的疤痕，病人心理上容易接受；第二，腹腔镜可以在不牵动内脏器官的前提下从不同角度和方向检查，甚至可以看到很深的位置，有直观的效果；第三，病人的痛苦少，疼痛轻，恢复快，缩短了住院时间、费用少。

然而，腹腔镜手术也同样存在着一定的危险性和手术并发症；有些病人的病情还不允许使用腹腔镜，例如，腹腔疾病多年，或者手术多次，腹内粘连严重，脏器解剖结构严重变形，腹腔镜视野狭窄，手术难以使用腹腔镜。再者，腹腔镜手术是一种微创手术，技术要求比传统手术要高，目前，微创手术已经进入全新时代，心脏换瓣、胆囊摘除等使用微创手术只需要一个半小时来完成，我国上海的声控机器臂心脏微创手术已经通过鉴定；美国的微创手术机械手"达芬奇"已经通过FDA认证；以色列完成了微创手术的"机器平台"；法国的遥感机器人已经使用……

为心脏换瓣术加"保险"

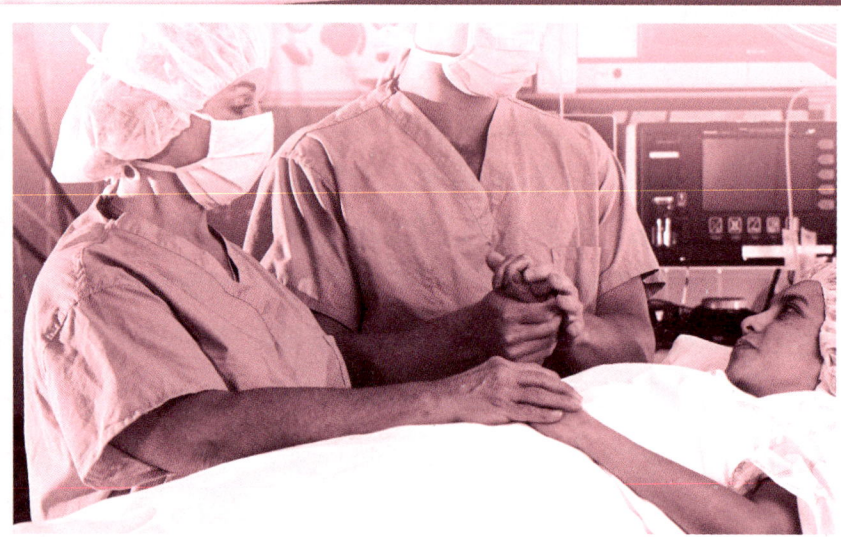

　　风湿性心脏病(简称风心病)是风湿病变侵犯心脏的后果。如风湿热已经静止，称为非活动性风湿性心脏病。如仍有风湿活动，称为活动性风湿性心脏病。风心病是最常见的一种心脏病。大部分病人于成年以前得病，女性较男性多。虽然造成心脏病的原因是风湿热，但不少病人并没有明显风湿热病史，受损的瓣膜以二尖瓣最为常见，其次是主动脉瓣，也可能几个瓣膜同时受损。由于瓣膜炎症反复发作，瓣膜增厚并缩短，造成心脏瓣膜关闭不全。瓣膜的粘连又可使瓣口缩小，造成狭窄。

　　风心病早期一般无症状。由于心脏瓣膜狭窄或关闭不全，血液流过有病的瓣膜时就会产生杂音。时间一长，有关的心房和心室就扩大。一般经过10～15年，逐步出现心力衰竭。二尖瓣狭窄病人可发生咳嗽、咯血或阵发性的气急。晚期病人往往有下肢或全身浮肿、肝肿大、腹水等。二

尖瓣关闭不全可使左心室扩大。主动脉瓣关闭不全也可有左心室扩大，心前区疼痛，容易发生并发症。治疗上比较先进的是采用心脏换瓣手术。目前，这种手术已经普及开来，尽管手术效果显著，但还是有一定的风险。

对于年老体弱多病手术者就有很大的风险。例如有糖尿病、冠心病、凝血功能障碍、风湿活动等患者，术前都是不放心的。在给一位65岁风心患者手术前，临床上做了多项检查，也没发现有冠心病。为了保险起见，先做了冠状动脉造影术。结果发现，不仅是冠心病，还是多支病变，左冠状动脉的前降支、左降支、对角支分别有40%～90%的狭窄。于是决定为老人实施瓣膜置换加冠状动脉搭桥手术，既给老人治疗了两种疾病，也为瓣膜置换加了个"保险"。

过去以为，风心病患者很少合并冠心病；还以为，心电图没有改变也很少有冠心病。然而，实践告诉我们，许多老年人的心脏冠状动脉都有不同程度的狭窄。如果不被提早发现，瓣膜移植术后的寿命也受到严重影响。如果同时一次做了两个手术，就会解除了后顾之忧。

但是，冠状动脉搭桥手术只是近些年来开展起来的新技术，还没有普及开来。再说，医生和病人、家属对这些病还没有引起足够的重视。随着科技的飞速发展，社会竞争的激烈，冠心病的发病率愈来愈高，人们会越来越重视的。因此，对换瓣病人应做冠脉造影检查：50岁以上心肌缺血者，一旦发现瓣膜病合并冠心病，尽管病情重，手术难度大，术后并发症多，但只要术前诊断明确，准备充分，手术操作快速完善，加强术后监护，一定会取得良好的手术效果。尤其是，目前冠心病的不停跳，同搭多座桥技术在不断提高，普及率越来越高，成功率也越来越大，效果也越来越好。

ok

并不少见的格林巴利综合征

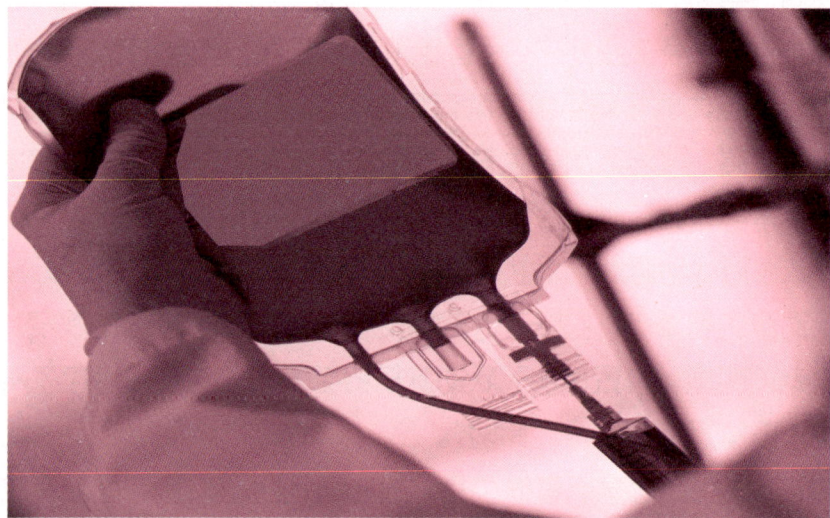

　　格林巴利综合征是用格林和巴利两位医学专家的名字命名的疾病，又名急性感染性多发性神经炎、感染性多发性神经根神经炎、急性节段性脱髓鞘性多发性神经根神经病等。对非医学人士来说可能是一个陌生的名词，但实质上在我国并不少见，现已成为急性四肢软瘫，常合并颅神经麻痹，以脑脊液蛋白细胞解离为主要病因特征，病残率很高。这种病可发生在任何年龄，但以儿童及青壮年为多。男女均可发病，发病年龄可从几个月到几十岁，但14岁以下的儿童为最常见的受害者，占总发病率的40％～50％；格林巴利综合征全年均可发病，秋末冬初发病率较高，但在我国的西部地区多见于麦收前后，半岛地区多见于夏秋之交；发病形式以散发为主，个别地区有小规模丛集发病情况，如石家庄地区，但不是流行或爆发。

　　格林巴利综合征的病因目前尚未明了，原来人们认为，约有80%的病人发病前有感染症状，也认为是病毒感染诱发的自身免疫反应。现在普遍认为与空肠弯曲菌感染有关，这种空肠弯曲菌的感染率仅次于痢疾杆菌，主要通过消化道传播。

　　格林巴利综合征的临床表现为：大部分患者以急性或亚急性发病，从下肢或上肢无力开始，先是手或脚无力，或上臂、大腿无力，患者难以提水上楼等，然后逐渐加重，以致不能行走；一些患者不太严重，只是行走或持物无力；还有一些患者出现口角漏水、眼闭不紧、看东西重影、吞咽困难、声音嘶哑等；大多数患者从发病到高峰期在2~4周，个别人24小时内出现呼吸肌麻痹而死亡，发病时大多数人没有发热及感觉异常，少数人感到手足轻微麻木或有小腿肌酸痛。

　　格林巴利综合征确诊的最重要检查是腰椎穿刺行脑脊液化验和肌电图检查，早期诊治是扼制病情进展的关键。

　　格林巴利综合征的治疗除注意加强营养、抗感染外，激素与免疫球蛋白的联合化疗正在进行试验，目前国际上疗效肯定的治疗方法有两种：血浆置换，将病人的血浆换成正常人的血浆，去除致病因子，需4~5天病情可稳定；静脉注射免疫球蛋白法，封闭致病因子的产生环节和作用环节，促进受损神经髓鞘的再生，7~10天见效，两者临床疗效相当。

　　有人可能认为，得了格林巴利综合征就是得了不治之症，其实不然，约80%的患者在发病的1~2年可完全恢复健康，15%人出现病残，5%的病人死亡。早期诊断、早期治疗是提高生存率、降低死亡率的关键，95%以上的病人终生不再发病，只有3%~5%的患者出现复发，但往往都是多年以后的事情了。

切断神经可保留完整胃

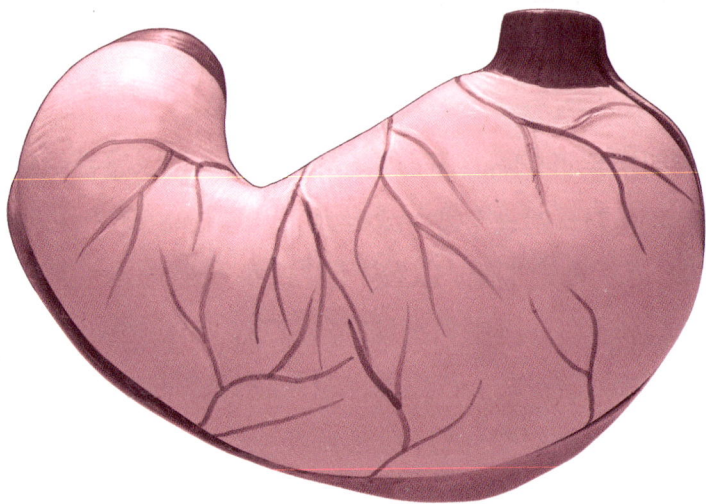

　　胃十二指肠溃疡是一种常见病，多发于中青年，约15%的患者还可能引发穿孔出血，甚至休克。治疗急性消化性溃疡穿孔，按照传统方法，内科多为保守用药治疗，但是行之有效的药物较少；外科医生认为必须给病人做急诊"胃大部切除术"，即病人2/3的胃会被迫切掉。只有这样剖腹切胃，才能避免继发性腹膜炎，从而挽救病人的生命。但如此大动干戈之后，也并非万事大吉，随之而来的麻烦可能是：患者术后可能发生吻合口瘘或吻合口溃疡，还可能出现术后输入端或输出端梗阻，也可能出现倾倒综合征。远期还会出现消化吸收功能障碍性贫血，严重者还会诱发残胃癌。

　　为了探索其他更好的治疗途径，国内外的广大医务工作者进行了大量的科学研究。我国自1979年起，由北京军区总医院普外科主任、全军

普外专业委员会副主任李世拥教授牵头的科研组开始进行术式改良研究。众所周知，消化性溃疡的发生机理主要是因为胃壁细胞分泌胃酸过量所致，而胃壁细胞分泌胃酸是受胃体表层的迷走神经支配。研究中发现，迷走神经像一根树枝一样覆盖在胃部表层，只要在胃小弯、胃大弯、胃底部、食道下端部位切除迷走神经分出的几根细丝，就可以使胃壁细胞分泌胃酸量趋于正常。这种"刀下留胃"的大胆创新，既消灭了"祸根"，又保留了胃的完整性，患者可以免遭"大伤元气"之苦。仅修补缝合黄豆、花生米般大小的穿孔，再切断几根迷走神经的分支，就可以解决溃疡穿孔的治疗方法，被称为"扩大壁细胞迷走神经切断术"。该方法术式简单、安全可靠，术后近远期效果良好，对病人创伤小，又保留了病人完整的胃，因此赢得了全军科技进步二等奖。

到目前为止，在北京军区总医院已有330名病人接受了该手术治疗，该医院经过对90%病人的远期效果随访观察，证明该方法明显优于"胃大部切除术"及"单纯修复穿孔"的方法，病人的生活质量显著提高，出院后可以正常工作和生活。

目前在欧美国家，该方法已经替代了传统方法，成为治疗十二指肠溃疡的首选术式，并且，陆续在消化外科得到普及，取得了很好的效果。我们有理由相信，消化性溃疡的治疗会更加简便、安全、实用。在不远的将来，通过微创或无创性迷走神经阻滞术，消化性溃疡会得到完全彻底的根治。

神经病治疗的新进展

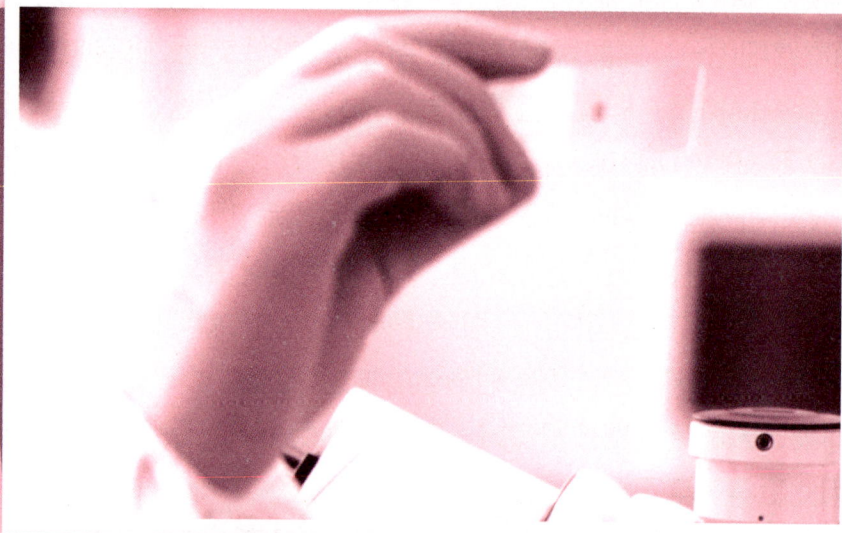

神经病是神经系统疾病的简称，它也包含着神经组织发生病变或机能发生障碍的疾病。神经系统是人体的重要指挥系统，包括脑、脊髓，以及周围神经系统。其常见的神经系统疾病症状有头痛、头晕、失眠、麻木、震颤、偏瘫、瘫痪、抽搐、昏迷、便失禁、肌萎缩等。常见的神经病有脑部综合征、脑血管病、脑干综合征、颅内肿瘤、脑膜炎……

随着人们生活水平的不断提高，神经病的发病率日益增加。下面浅谈几种神经病的治疗进展。

急性脑缺血（脑血管内急性血栓形成）。自急性脑缺血发作到不效溶栓治疗开始这段时间称为"再灌注时间"。再灌注时间越短，治疗效果越好，一般在3～6小时。

神经细胞保护剂是指能保护神经元免受急性脑缺血所致神经细胞毒

性物质损伤的药物，其治疗时间最短同再灌注时间，最长为梗死恢复后期。通过免疫机制研究发现血糖超负荷会加重脑血管病，也加重糖尿病合并症，因此有人建议用环孢素A等免疫抑制剂，脑室内注射胰岛素样生长因子（ILGF）－1、转化生长因子（TGF）－1和神经生长因子（NGF）能减轻脑缺血／缺氧性损害。近年，随着DNA重组技术和细胞生物学的发展，转基因细胞及细胞系抑制已成为脑移植研究的难题。如：移植免疫问题，供体来源问题、以及移植物是否能长期存活和与宿主间的整合问题等。

帕金森病。帕金森病是一种常见的神经系统变性病，是脑内的黑质、纹状体多巴胺神经元变性、死亡，纹状体多巴胺含量明显减少所致。基因研究发现与家族遗传有关。

帕金森病临床治疗总的原则是细水长流，即长期小量用药、最佳控制症状、权衡联合用药。内科保守治疗药物有：左旋多巴加外周多巴脱羧酶抑制剂，如美多巴、息宁；单胺氧化酶B抑制剂，如丙炔苯丙胺；儿茶酚－氧－甲基转移酶抑制剂，如答是美；多巴胺受体激动剂，如溴隐亭、协良行、泰舒达等；促多巴胺释放剂，如金刚烷胺；抗胆碱能药物，如安坦；肽类药物，如脯亮酐酰。外科治疗包括：脑立体定向手术毁坏深部脑核团，脑核团定位导航系统加MRI（核磁）成像技术使手术成功率提高，副作用减少；深部脑核团刺激术；细胞移植和基因治疗，已显示一定疗效。

重症肌无力。重症肌无力的发病率也不低，我国约有0.5万，每年新发病例为每10万人中的3～4人，死亡率为7％，约有65％的重症肌无力患者胸腺增生。胸腺是产生乙酰胆碱受体抗体最主要的场所，发病者体内的乙酰胆碱受体减少致病。

神经干细胞的应用前景

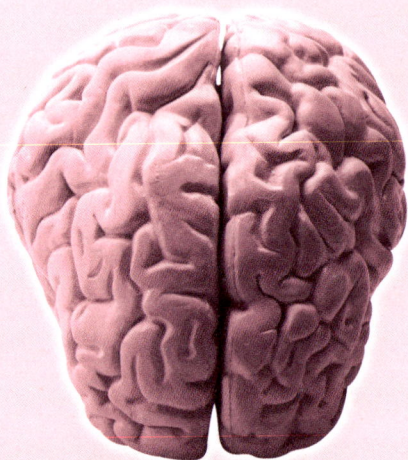

　　神经干细胞的最直接应用是神经干细胞移植，利用神经干细胞的多向潜能性，以恢复宿主的中枢神经系统的正常结构和功能，目前应用最多的是胎脑组织移植治疗帕金森病。然而，临床上要应用更多的脑组织有很大困难，除了来源困难以外，还有伦理上的束缚，因此，如果能在体外建立神经干细胞株，并且大量扩增后再次输入哺乳动物的中枢神经系统中，将使干细胞移植变得简单而有效。如何在体外有效地培养、扩增神经干细胞株仍是今后研究的方向之一，最有可能的就是通过基因操作，筛选出单克隆神经干细胞。

　　神经干细胞除了神经替代作用，还可以作为基因治疗的载体细胞，神经干细胞相对于其他载体细胞（如成纤维细胞等）有如下优势：有潜在的分化能力，可以分化为神经元及胶质细胞；结构上有整合于宿主体内，无

免疫原性反应；能在脑实质内弥散较远的距离，将能表达神经营养因子的神经干细胞直接种植于受伤的脑组织中，能促进神经功能的恢复。

神经干细胞应用措施有哪些？

细胞移植。以往脑内移植或神经组织移植研究进展缓慢，主要受到胚胎脑组织的来源、数量以及社会法律和伦理等方面的限制。神经干细胞的存在、分离和培养成功，尤其是神经干细胞系的建立可以无限地提供神经元和胶质细胞，解决了胎脑移植数量不足的问题，同时避免了伦理学方面的争论，为损伤后进行替代治疗提供了充足的材料。另外，神经干细胞移植也为研究神经系统发育及可塑性的实验研究提供了观察手段。

基因治疗。目前诱导干细胞向具有合成某些特异性递质能力的神经元分化尚未找到成熟的方法，利用基因工程修饰体外培养的干细胞是这一领域的又一重大进展；另外已经发现许多细胞因子可以调节发育期，甚至成熟神经系统的可塑性和结构的完整性，将编码这些递质的基因导入干细胞，移植后可以在局部表达，同时达到细胞替代和基因治疗的作用。

自体干细胞分化诱导。移植免疫排斥至今为止仍是器官或组织移植的首要问题。成年动物或人脑内、脊髓内存在着具有多向分化潜能的干细胞，那么使人们很容易想到通过自体干细胞诱导来完成损伤的修复。中枢神经系统损伤后，首先反应的是胶质细胞，在某些因子的作用下快速分裂增殖，形成胶质瘢。其实这个过程中也有干细胞的参与，可不幸的是大多数干细胞增殖后分化为胶质细胞，确切机制尚未明了。 一旦这个机制被发现，无疑对中枢神经系统损伤修复是一个重大的飞跃，因为它不仅可以避免移植造成的不必要损伤，更重要的是可以避免排斥反应。

追溯"绿视"的究竟

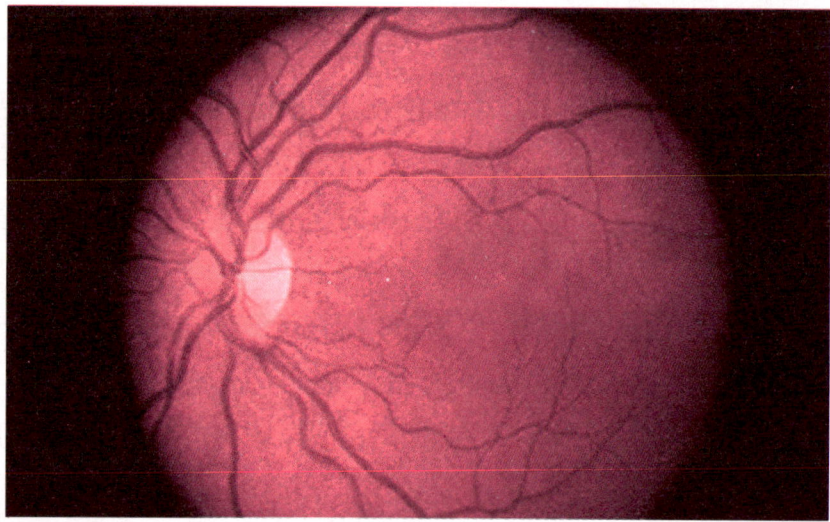

在日常生活中，太阳光照射在万物上，反射出红橙黄绿青蓝紫，在眼睛的视网膜上出现各种颜色的物像。然而，有遗传性红绿色盲的人，容易把红色看成绿色，这叫红绿色盲，但不叫"绿视"。这里说的"绿视"是指有的病人在治疗过程中，突然把白色全部看成是绿色，并且持续一个相当长的时间。

有位50多岁的患风湿性心脏病的妇女，在医院治疗一个月后出院，女儿拿来白衬衣，又给换上白色床单。母亲惊讶地问："你多会儿买来的绿衣服和绿床单？"女儿说："妈，您糊涂了？这不明明是白色衣服和床单吗？"母亲的"绿视"没能引起女儿的重视。到了傍晚，母亲突然心悸、气急、心前区剧痛、口吐白沫，全家人立即又送到医院，谁知，老人的呼吸已经停止了。

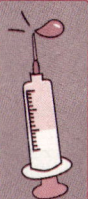

这位母亲为什么会把白色看成绿色呢？又怎么会突然死亡呢？过去一直没弄明白，近些年来才找到病根，原来是地高辛中毒的信号。如果当时及时抢救，就不会突然死亡。

地高辛属于强心甙类药物，因为它的治疗安全范围特别狭窄，也就是说药物治疗剂量与发生中毒的剂量之间的距离很短。治疗范围越窄，药物就越容易中毒。所以它的安全范围极其狭窄，中毒发生率高达21％之多。这就犹如，水能浮舟又能沉舟一样。强心甙类药物既能治疗心律失常，使患者转危为安，又能诱发一些致死性心律失常，危及病人生命。究其根源有以下几个方面：

与用药的时间有关。用药的时间越长，发生中毒的机会越多。尤其是用量不规律，剂量加大，更容易中毒。

心脏病人伴有肾功能不全或年老体弱、呼吸衰竭病人易发生中毒。

不能进食和频繁呕吐的心衰病人，与利尿药物合用的病人，用药物期间出现低血钾诱发中毒。

在治疗过程中使用钙剂（如葡萄糖钙、维丁钙），接受一些含钙离子浓度较高的中草药，能出现高钙血症，加重了强心甙类药物的毒性。

强心甙类药物中毒时可诱发各种心率失常，如室性早搏、室性心动过速、心室扑动、心室颤动，最终心脏停跳。

强心甙类药物中毒病人在中毒之前往往出现一些先兆症状，其中最具有特征性的，也是最容易被发现的是病人出现视觉异常，常见的是将物体颜色都看成绿色（部分人视为黄色），以及视物模糊、眼前闪光等，其中绿色视觉最具有早期察觉中毒的意义。为此，心脏病人和家属要特别注意视觉变化，以便早期发现、早期治疗、早期抢救，避免发生生命危险。

介入治疗除病保健康

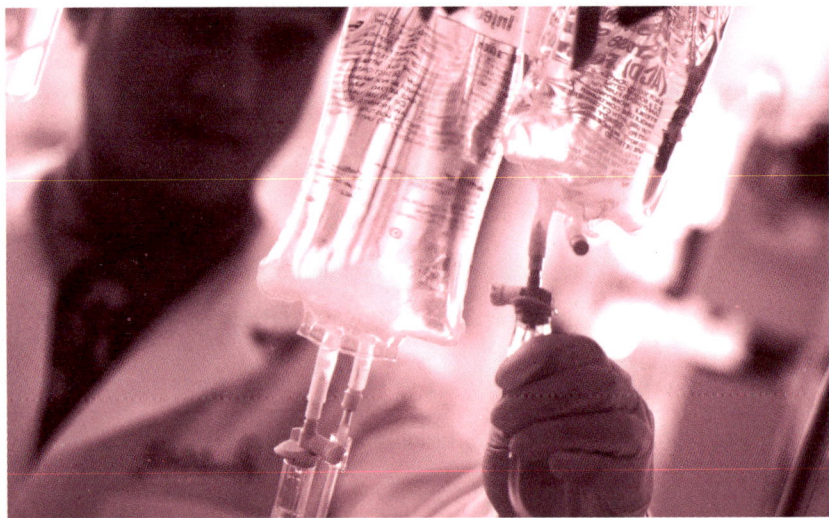

　　介入治疗是十多年前发展起来的新型治疗技术。就是应用一根特殊导管经动脉插入某个有病的器官或组织内,采取给药或其他除病方法的治疗过程。介入治疗既不用内科的传统治疗,也不用外科传统手术,而是用导管送到病变部位治疗,效果明显优于一般全身治疗。

　　介入治疗的应用范围很广泛,许多疾病的治疗均可以用介入方法,例如冠心病、脑血栓、下肢静脉血栓,肺癌和肝癌等恶性肿瘤介入给药,肝硬化并脾机能亢进的脾栓塞治疗,子宫肌瘤的介入栓塞疗法,腰间盘脱髓核切吸减压术等均可收到良好的效果。

　　冠心病的介入治疗。冠心病常见的心绞痛和急性心肌梗塞,是因为供应心肌营养的中、大血管高度狭窄或完全闭塞引起的,是心肌猝死的主要病因。过去只能用一些药物对症处理,例如止痛、减少室性早搏、强心

等，不能对病变血管治疗。冠心病的介入治疗即"腔内冠脉成形术"，主要包括冠脉内球囊成形术（PTCA）和支架扩张术两种，其疗效显著。

脑血栓的介入治疗。脑血栓是中老年人的常见病、多发症。介入治疗脑血栓，病人恢复快，疗效确切，明显优于传统内科保守治疗。介入治疗脑血栓的特点是：直接将溶栓药物注入到阻塞血管处，局部用药，见效快，有"立竿见影"效果，治愈率高，致残率低。

下肢静脉血栓介入治疗。介入治疗下肢静脉血栓，通过动脉途径给药，将溶栓药物于患肢动脉远端内灌注，经毛细血管网回流静脉可溶栓，达到完全治愈目的。该治疗恢复快，无痛苦。

经皮腰椎间盘髓核切吸减压术（PLD）。经皮腰椎间盘髓核切吸减压术是近年兴起的新的治疗腰椎间盘突出症的方法，是在X线监视下，用特制的器械插入病变间盘，纤维环开窗后，负压吸引下切吸髓核，达到椎间盘减迫，使临床症状得到缓解或消失，是一种有效的治疗方法。

介入治疗子宫肌瘤。子宫肌瘤是中年妇女的常见病，可导致经期延长、经量增多，腹痛，贫血等临床症状。介入治疗主要是通过导管栓塞双侧子宫动脉，使瘤体失去血供，瘤体缩小或消失，改善临床症状。优点为保留子宫创伤小，疗效好，恢复快，并发症少。

肝癌的介入治疗。介入治疗肝癌是目前非手术治疗的首选方法，通过介入栓塞肿瘤血管，使肿瘤组织发生坏死、液化，从而达到使肿瘤缩小，以至消失，部分病人可获得二期手术切除机会，大大延长了病人的生命，提高了生存率。

介入神经放射治疗新进展

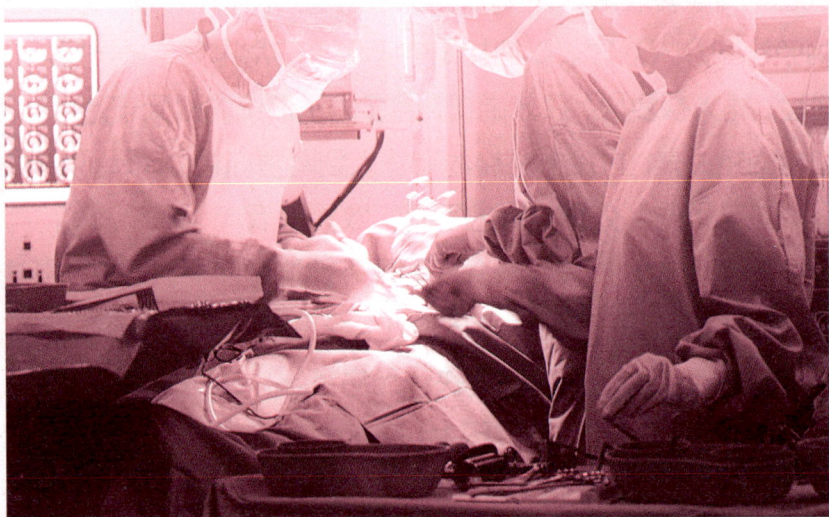

介入神经放射治疗是指利用微导管技术经血管内治疗颅内疾病，主要是脑血管病，故又称血管神经外科。1960年Lussenhop首先将小硅胶球注入颈内动脉以栓塞脑血管畸形。近20年来这项技术由于导管制作和栓塞材料的进步迅速发展，已成为微侵袭神经外科的一个重要组成部分。

颅内动脉瘤。1973年首次用可脱性球囊闭塞颅内囊状动脉瘤。1988年首次用机械解脱的铂弹簧圈闭塞动脉瘤。1991年首次应用电解脱的铂弹簧，这项改进被认为是革命性的进步，显著提高了动脉瘤的完全闭塞率和安全性。

血管内治疗的优点是：对病人的侵袭性小，危重、高龄、体弱和拒绝手术的病人容易接受；不扰乱动脉瘤周围的血管和神经；适用于手术困难和危险性大的动脉瘤，如后部循环动脉瘤；闭塞动脉瘤后可对局限

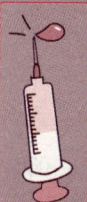

性动脉痉挛进行球囊扩张和注入扩张血管药物。

其缺点是：宽颈和大型动脉瘤的完全闭塞率低；重要动脉分支从瘤囊上发出者，栓塞瘤囊时被闭塞；内弹力层不能靠拢，远期效果有待确定。

脑动静脉畸形。血管内治疗脑动静脉畸形的方法是将栓塞材料经导管注入其血管巢内，形成血栓性闭塞，以防止破裂出血和盗血引起的缺血。但单纯栓塞只能使10%～15%的脑动静脉畸形达到完全闭塞，故只能作为外科切除和放射外科治疗的辅助手段。手术前栓塞可减少切除术中出血，降低手术的难度，使一些不能切除的脑动静脉畸形变为可以切除，部分栓塞脑动静脉畸形以缩小其体积，可利于施行放射外科治疗。

脑血管痉挛。目前尚无有效方法可以完全逆转脑血管痉挛，血管内治疗的方法有血管成形术和动脉内罂粟碱灌注。

溶栓治疗。颅内动脉发生血栓栓塞是造成缺血性卒中的重要原因。经动脉注入针溶药物是治疗急性缺血性卒中的有效方法。

动脉粥样硬化性狭窄的血管成形术。冠状动脉粥样硬化性狭窄可用血管成形术获得满意疗效，于是有人试图用此法治疗脑血管狭窄，但脑血管与全身血管不同之处是壁较薄，且周围缺乏有力的支持组织。目前锁骨下动脉、无名动脉、椎动脉和颈内动脉狭窄用血管成形术已取得满意疗效。

神经显微血管减压术前景

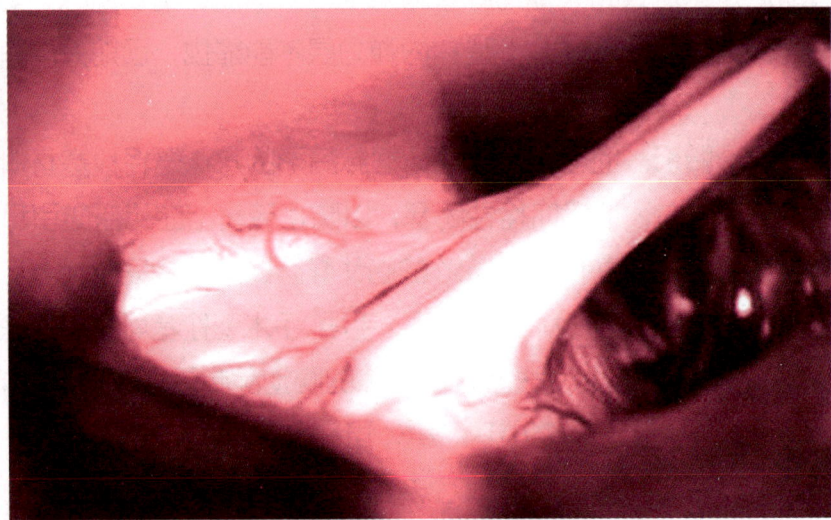

　　高血压是指动脉血压过高。正常人的血压随年龄而不同，可有一定的幅度。按联合国世界卫生组织（WHO）的标准，成人如收缩压经常高于140mmHg，或者舒张压超过90mmHg，就认为是高血压。

　　动脉血压是推动血液不断流动的动力，它是由：心脏收缩力与排血量；动脉管壁的弹性；全身各部小动脉的阻力所形成的。其中对高血压病影响最大的是小动脉阻力的改变。小动脉管壁的平滑肌纤维收缩时，小动脉管腔变小，阻力增高，为维持正常血流，血压就上升。神经源性高血压就是由于迷走神经受到血管压迫而引起的高血压，因此命名为迷走神经血管压迫性高血压。

　　1973年发现手术后血压升高可能与延髓侧方及迷走神经受血管压迫有关，从而提出假说：延髓左侧和迷走神经受血管压迫可能是神经源性

高血压发生的原因。1975～1982年在53例伴有高血压的患者中，发现有51例存在左侧延髓腹外侧迷走神经入脑干区血管神经压迫，并对其中42例实施了显微血管减压术。36例被认为是适合手术的，术后32例血压降至正常，1例血压升高，3例血压没有改变。1988年对24例原发性高血压患者和17例正常血压患者的尸体进行了显微解剖，结果发现24例高血压患者均存在左侧舌咽神经、迷走神经血管神经压迫，而17例正常血压患者却未有类似发现。1991年在10例正常血压尸体解剖获得的舌咽神经、迷走神经入脑干区局部放射定位图像进行了回顾性研究，发现81％的高血压患者左侧舌咽神经、迷走神经入脑干区有动脉出现。1992年又对107例高血压患者和100例正常血压患者的脑血管造影图像进行分析，发现高血压患者中有80％左侧舌咽神经、迷走神经入脑干区有动脉通过。

1994年对24例高血压患者、14例肾性高血压患者和14例正常血压患者进行前瞻性单盲研究，结果发现20例原发性高血压患者左侧延髓存在血管压迫，而只有2例肾性高血压患者和1例正常血压患者有类似发现。

近年来对术前有高血压的患者左侧桥小脑脚区病变手术时发现，4例迷走神经有小脑后下动脉分支压迫，做血管减压，术后3例血压恢复正常，1例血压略有下降。由此可见，从临床术中观察、尸体解剖以及血管造影等研究均支持假说：左侧延髓舌咽神经、迷走神经入脑干区血管压迫可能导致神经源性高血压。

如果占90％～95％的不明原因患者中有一半属神经源性高血压患者，经过舌咽神经、迷走神经显微血管减压术后高血压能获得缓解，对高血压病的治疗进展就是惊人的了。

基因治疗垂体性侏儒症

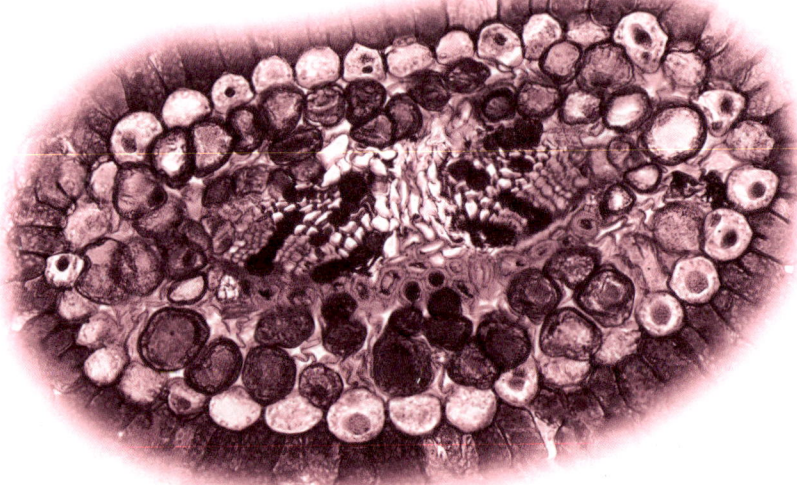

　　垂体性侏儒症又称生长激素（GH）缺乏症（GHD）。儿童时期垂体前叶功能减退，严重地影响儿童的生长发育，主要是生长激素分泌减少，多为先天性垂体发育不良所致，但也有颅内肿瘤压迫引起的。其发病率在0.1‰～0.25‰之间，既往认为其中的5％～30％是由遗传因素所致，但近年发现：GH分泌不足大多数为染色体隐性遗传，使人们将大量有遗传学病因的GHD归属于所谓特发性的。

　　垂体性侏儒症主要表现在全身体格发育障碍，身长体重均比同龄正常人低，头大而圆，毛发少而软，直到成年仍保持着儿童外貌，发出童音，肌肉不发达，骨骼短小，性器官发育不良，男性睾丸、阴茎细小；女性闭经，乳房、臀部及子宫均不发育；第二性征缺，如无性欲、无腋毛、阴毛。智力发育大都正常，与黏液性水肿、呆小病还是有区别的。实验室检查：血促性腺激素、促肾上腺皮质激素、尿17酮类固醇、尿17羟类固醇均低于正常。

　　垂体性侏儒症的治疗一直是医学临床上的老大难问题。最早医生是一筹莫展，后来用甲状腺片来代替，苯丙酸诺龙也有一定疗效，但同时均得补充足量的蛋白质、维生素，待生长到适当高度后，改用男性激素或绒毛膜促性腺激素。如有颅内肿瘤引起者应考虑手术。

　　随着分子生物学的迅速发展，以分子遗传学为基础，动用重组DNA技术进行GHD基因治疗水平不断提高，基因治疗的文献资料越来越多。新的科技水平已经预示着垂体性侏儒症被基因疗法攻克的日期已经不远了。具体做法有体外基因转移等几种途径。因体外基因转移方法效率高，在回体基因转移和微囊包裹技术中均被采用。

　　体外基因转移的关键问题是靶细胞的选用。目前应用于基因治疗的靶细胞很多，包括肌细胞、成纤维细胞、角质细胞、骨髓基质细胞、间皮细胞等。但因GHD的基因治疗仅要求GH基因表达，因此可选用易取出、培养、转染和移植的细胞为靶细胞。因成纤维细胞和成肌细胞不仅取材及再植均较为方便，而且有较高的分泌性，能在较长时间内稳定表达，因此目前应用较多。现就成纤维细胞与成肌细胞介导的基因治疗作一介绍：

　　成肌细胞介导的基因治疗：成肌细胞除具有易于获取、移植和高度分泌性的特点外，它还具有其他靶细胞没有的特性，即可以与宿主肌细胞融合成多核肌细胞，明显延长了细胞的存活期。另一方面，在使用肌肉特异性启动子的载体进行成肌细胞转染时，它可以控制GH的过度表达，这可以说是以成肌细胞为靶细胞的诱人之处。

　　成纤维细胞介导的基因治疗：成纤维细胞取材、培养、转染和移植都较容易，因此目前在基因治疗中得到广泛应用。

伽马刀降伏继发性三叉神经痛

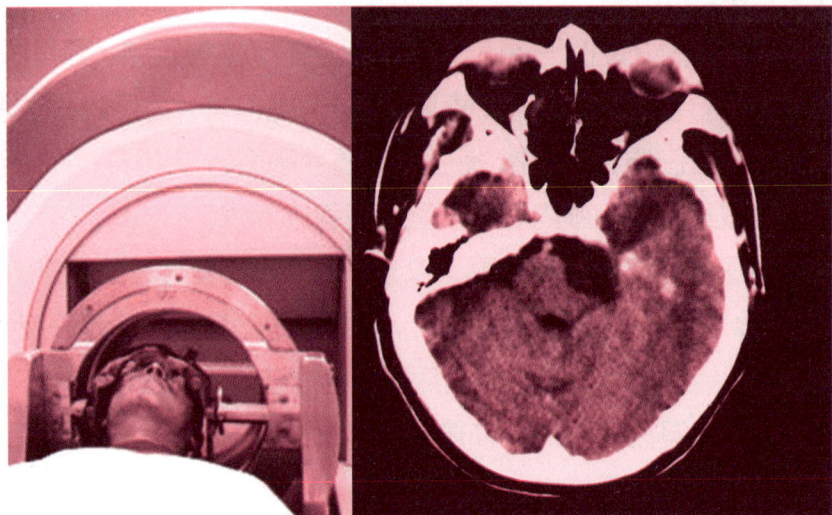

三叉神经痛分为原发性和继发性两种：原发性三叉神经痛是指面部三叉神经分布区反复发作的、短暂的剧烈疼痛，无三叉神经损害的体征，其病因尚未明了；继发性三叉神经痛是指三叉神经痛伴有三叉神经损害的体征或颅神经损害的肢体功能障碍。主要是由颅内病变引起的三叉神经痛。

三叉神经痛给病人带来的痛苦常常是难以忍受的。大多数是单侧发生，个别病例是双侧性的。疼痛发作时，从面颊、上颌或舌前部开始，很快扩散，剧烈疼痛有针刺样、刀割样、触电样或撕裂样。发作严重时可伴有面部肌肉抽搐、流泪、流涎等症状，因此称为痛性抽搐。每次发作时间很短，短至数秒钟，长至1～2分钟，可连续多次发作。发作间歇期可完全无疼痛。一般白天或疲劳后发作次数增多，症状较重；休息或夜间发作次数减少，症状也轻。病人的唇部、鼻翼、颊部、口角、犬齿及舌等处特

别敏感，稍一触碰即可引起一次发作，称为"触发点"。发病初期，发作次数较少，间歇期较长，以后发作次数逐渐增多，间歇期也缩短。这样反复发作可持续数月，然后缓解一个时期，接着再发作，很少能自愈。临床鉴别诊断要与牙痛、副鼻窦炎、青光眼等疾病区分开来。

过去对三叉神经痛的治疗就是止痛药、按摩、针灸等，没有从根本上解除痛苦的。随着科学技术的飞速发展，伽马刀的广泛应用，继发性三叉神经痛找到了病因，主要是桥小脑角肿瘤、三叉神经根或三叉神经半月节区肿瘤、血管瘤、动脉瘤等病引起。由于桥小脑角区肿瘤位置深，周围结构复杂，开颅手术处理困难，风险大，并发症多，故伽马刀的应用为神经外科医师增加了一个崭新的治疗手段，且具有安全、准确、侵袭小、疗效高等特点。

1951年提出构想：在不开颅的情况下，单次照射颅内精确定位的靶组织，随后这一构想应用于临床，1968年研制成功第一台伽马刀，1986年第三代伽马刀安装201个钴60源，圆形准直器产生近似球形的照射容积，使伽马刀更适于神经外科的治疗。随着CT、MRI等神经影像学的发展，可以直接观察颅内某些靶点结构，功能性放射外科获得了发展。

伽马刀治疗继发性三叉神经痛，主要是治疗原发病灶，随着治疗病灶的好转，其症状也随之好转，而伽马刀治疗原发性三叉神经痛，主要是对三叉神经根部及半月节区实施大剂量的照射，其治疗机理是通过立体定向放射外科手术，使三叉神经根变性而阻滞了痛觉的传入，达到治疗目的。

神经外科治疗癫痫新法

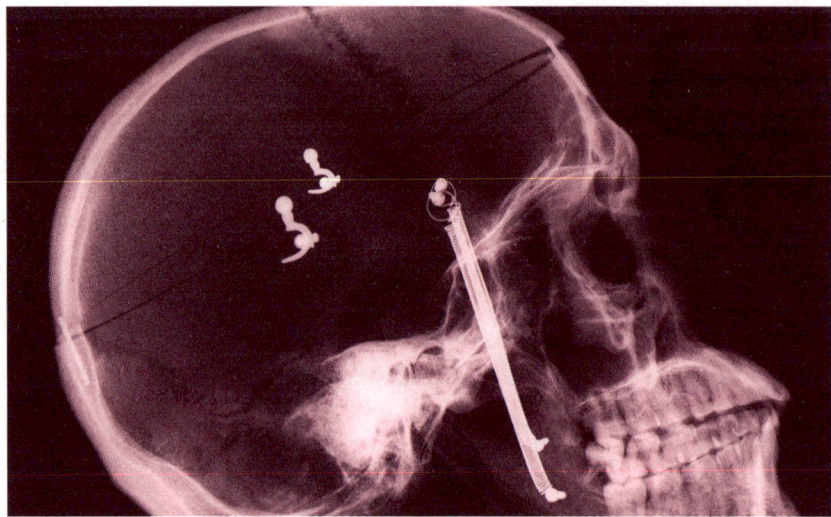

癫痫又称为暂时性突发性大脑功能失调引起的综合征，发病率在4‰～10‰之间，我国在3.5‰～4.8‰，每年新发病癫痫病人有30余万人。

癫痫的临床表现多种多样，包括运动、意识、行为、植物神经等不同功能障碍，反复发作。引起原因也有区别，遗传因素占一定的比例，称之为"原发性癫痫"；也有因为脑先天性疾病、脑外伤、脑肿瘤、脑变性疾病、脑内感染、脑血管疾病，以及脑局部疤痕形成的萎缩等原因引起，称之为"继发性癫痫"。

根据发作的表现可分为大发作、小发作、精神运动性发作和局限性发作四种。发作特点有：间歇性发作，如小发作可一日数次或数十次，其他类型发作也可间隔一定时间；短时性发作，如每次发作不超过数秒或数分钟会自行停止；刻板性发作，如每次表现有相同固定格式。其中大发作表现为神志丧失、全身抽搐，一般均有先兆症状头昏、精神错乱、上腹不适、视听和嗅觉障碍等，接着意识丧失而倒地，全身抽搐，呼吸停顿，头眼偏向一侧，数秒钟后呼吸恢复，口吐白沫，大小便失禁，1～2 分钟后进入昏睡。此时检查瞳孔散大、角膜反射消失、腱反射消失，数分钟或数十分钟后渐清醒，醒后头痛、头昏、乏力，长期反复发作，可引起智力减退、痴呆等。小发作仅表现为暂时性意识丧失，但全身抽搐常表现为突然中止说话、活动或双目凝视，上肢或眼睑轻度颤动。很快恢复意识，但毫无记忆。

癫痫的治疗，过去一般选用大仑丁、二丙基酸钠、扑痫酮等药物。近些年来神经外科的飞速发展，估计约有 20% 的病人不能用药物控制，至少有 50% 的病人适宜用手术治疗，我国有 80～100 万癫痫病人需要手术。

半个世纪以来，由于脑电图技术的进步，如视频脑电图的出现，长程脑电图的监测，以及颅内硬膜下条状或网状电极和深电极技术的应用，对癫痫诊断和致痫灶的确定有了长足的进步。神经影像学的出现更大大推动了癫痫外科的发展。如脑 CT 扫描可发现 30%～40% 的癫痫病人有异常改变。脑磁共振更加可靠地诊断颞叶癫痫的颞叶内侧海马硬化，并能清晰地发现脑皮质发育异常病变（如脑灰质移位等）。其功能性核磁共振由于成像时间和空间分辨率高，还可显示癫痫灶和邻近脑重要功能皮质区关系。脑彩超能判断脑致痫灶的血流和代谢的变化，可作为致痫灶的筛选手段。

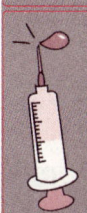

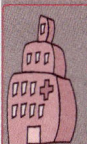

"细胞刀"治疗帕金森病

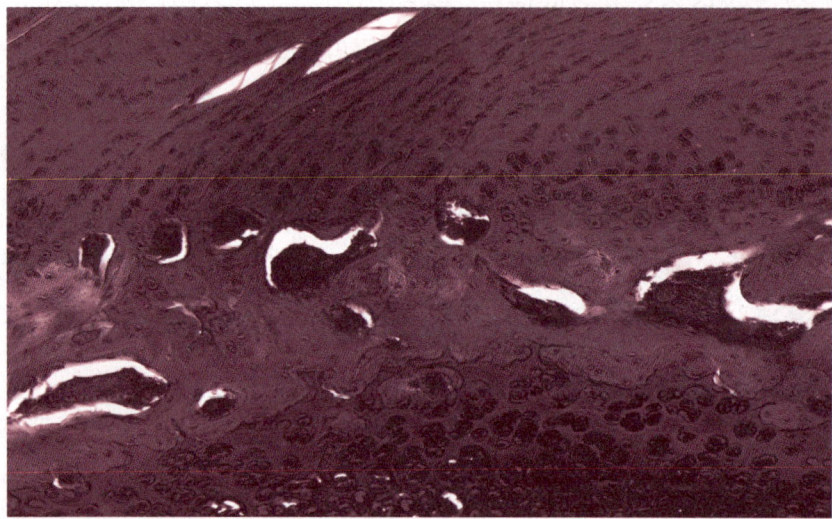

应用"细胞刀"治疗帕金森病是一项崭新的医疗技术，也是近年来普及应用的好方法。

患有帕金森病的患者，饱受其苦，肌肉震颤、僵直，活动困难，随着病情的加重，肢体、头部经常性抖动，情绪激动时症状加重，平衡反射障碍，进而生活难以自理。据最新统计，国内帕金森病发病率为万分之八左右，这对于一个拥有13亿人口的大国来说，100多万的病人数字可够庞大的了。

过去治疗帕金森病主要靠药物。尽管病因还不明确，但被公认的是中枢神经系统中多巴胺的缺乏，引起部分脑细胞异常放电，擅自"发号施令"，结果造成肢体运动不止——肌肉震颤。药物治疗主要是补充中枢神经系缺乏的多巴胺，由于需要终生用药，多数病人会产生耐药性，甚至引

起严重的并发症。

帕金森病在脑内存在着一些"震颤源区"（异常放电的神经细胞），其放电频率与肌肉震颤频率是一致的。只要将这些放电细胞破坏或加以抑制，就能达到消除病人症状的目的。常用的外科手术方法是立体定向下脑内靶点毁损术和深部脑刺激术。毁损术是用射频针将异常兴奋灶毁损掉，破坏性较大。脑刺激术是用一种微电极毁损异常兴奋灶。由于监测技术差，误差较大，偏瘫或视力障碍等并发症多有发生。

"细胞刀"治疗帕金森病的手术过程是这样：先用 CT 或 MRI（磁共振）扫描寻找病灶区，再用颅钻在头上开一个直径1厘米圆孔，应用计算机及导航系统进行病灶的定位处理，用高精度脑主体定向系统定位后，再用一根比头发丝还细的微电极，测出异常放电的神经细胞准确位置，达到细胞水平定位，再换用射频针加热毁损这种病变细胞，患者的肢体震颤、关节僵硬、行动困难等症状立即消失，达到立竿见影的效果。所用的微电极针尖端直径只有2.5微米，可以插到细胞内记录单个细胞放电，因此极少出现偏差，更少出现并发症。

但是，还必须看到，"细胞刀"治疗帕金森病还不能从根本治愈该病，因为被损坏的脑细胞是无法修复的。只能从减轻病人痛苦、缓解症状、提高生活质量和缓解病情等方面收到效果。由于疾病的个体差异，其疗效也不完全一致。然而，科学家还在不断探索，像应用神经干细胞移植等新技术不断发展，很快能制服帕金森病对老年人的危害。

断血路能饿死癌细胞

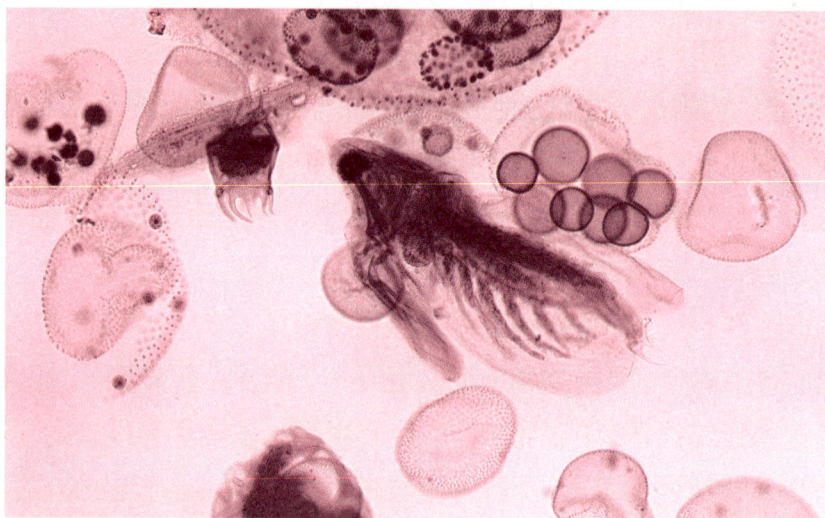

正常人体的血管内皮细胞倍增时间为一年，而肿瘤的血管内皮细胞倍增时间仅 4 天。因此，医学专家正在研究：断血路，饿死癌细胞。

人体只有在比较特殊的环境下才会发生血管生成，例如，创伤愈合，胎儿和胚胎发育，黄体、子宫内膜和胎盘的形成等。这些类型的血管生成常受某些因素调控，并且是间断性的。而持续的不受调控的血管生成则出现于大量病态、肿瘤转移和内皮细胞的异常生长中，这种血管生长速度十分迅速。血管是肿瘤生长的"粮草"供应道，又是肿瘤细胞的温床，血管的"疯长"支持和帮助了肿瘤的疯长，也为肿瘤细胞转移和扩散提供了前提。

美国哈佛医学院福克曼博士做过这样一个实验，他把癌细胞注入抽干了血液的甲状腺，结果细小的黑色素瘤一直只有笔尖大小，不见增长。

他又把肿瘤与血管接通，肿瘤在10～15天内增大了100多倍。由此看来，他提出的假设，肿瘤生长必须依赖于血管生成。经过世界各国科学家研究证实，当直径很小的微小转移灶的癌细胞处于无血管生成时，其增殖速度与原发癌细胞增殖速度相近，但由于无血管生成，癌细胞长期处于休眠状态，使微小的转移灶缺乏毛细血管供给的营养，而处于"饥饿"状态，凋亡速度非常快；当癌细胞凋亡与增殖处于相对平衡状态，微小转移灶处于潜伏期不增长。但是，癌细胞能分泌出大量促进血管生长因子，一旦形成肿瘤血管供血，癌细胞得到足够的营养，就疯长起来，其危害就严重了。目前，世界各国正对众多血管生成抑制剂进行广泛研究，Ⅰ～Ⅲ期临床试验已经完成，例如血管抑素、内皮抑素、烟曲霉素类似物及金属蛋白酶抑制因子和尿激酶、白介素－12、血小板因子－4等20多种。目前最有希望并且影响最大的是内皮抑素，福克曼已经成功地用它治愈一批"癌鼠"。

美国科学家新发现两种肿瘤血管形成所需要的基因ID1和ID3，实验表明，消除这两种基因的活性可抑制肿瘤血管的形成，切断肿瘤营养供应，不仅能饿死癌细胞，还可以大大增强机体的抗癌能力。人内皮抑素在人体内的主要作用定位于肿瘤血管基底膜，具有特异性抑制肿瘤血管内皮细胞的增殖生长作用。与其肿瘤细胞分泌的促血管生长因子相对抗，从而达到阻止血管生成，使肿瘤毛细血管生长萎缩，切断肿瘤营养供应，加快肿瘤细胞的凋亡。由于人体内皮抑素对正常细胞没有任何毒副作用，很有发展前途。

癌症的发病因素十分复杂，不同的肿瘤有不同的发病原因，仅靠堵住血液通道想治愈所有的癌症是不容易的。较现实的是将这种新疗法与手术、放疗、化疗和免疫疗法等治疗模式有机地相结合进行多靶攻击，才可以迅速提高抗癌治疗的临床疗效。

ok

怕热的恶性肿瘤细胞

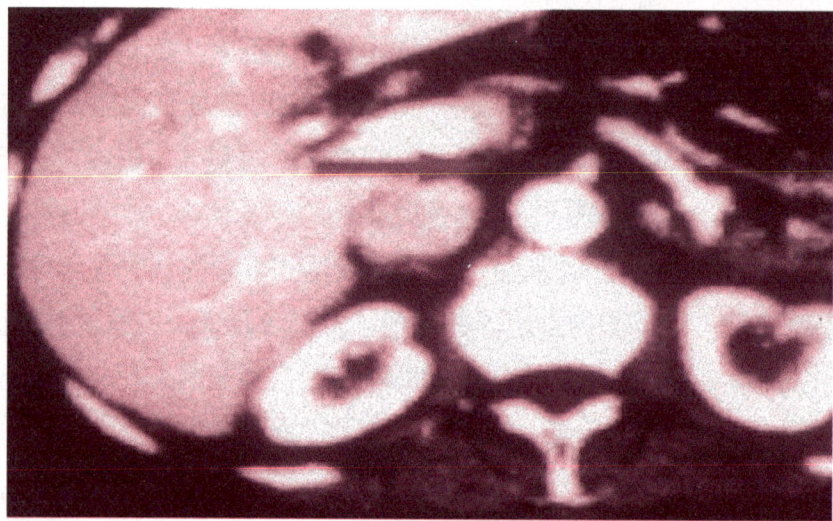

　　广州中山医科大学附属医院骨外科专家将一位患成骨肉瘤的左腿股骨剥离摘下，放到70℃水温的锅里煮30分钟后，刮去肉瘤坏死组织后又接到原位，一个月后病人奇迹般地出院了。其原理就是依据恶性肿瘤细胞怕热，经过热煮杀死恶性肿瘤细胞而得到治愈的。

　　自古以来，人们就从实践中懂得了用热来治疗疾病。如我国古代医生曾用"砭石"和火来治病，并创造了用热来治病的灸术。国外1866年布斯茨发表了一例长于面部的恶性肿瘤，在感染丹毒发烧40℃以上后，肿瘤消失的报告。1918年劳代恩布利报告肿瘤自然消退的病例，即在166例癌中有72例肿瘤消退者曾有严重感染伴高热或有使用热疗的历史。这些事实表明，高热会对肿瘤治疗起着某些作用。肿瘤为什么怕热呢? 现代医学的发展及生物学的研究已揭开了其中的奥秘。

　　肿瘤组织在体内生长过程的特点是其血管生长畸形、结构紊乱及毛细血管受压，并有血窦形成。因此，肿瘤组织的血液供应比正常组织明显减少，肿瘤内血流速度慢，血流量低，仅为正常组织的1%～10%。肿瘤的这个特性为"热疗"提供了条件，因为正常组织在受热时有良好的血液循环可充分散热，而肿瘤组织局部温度升高，高于临近的正常组织5%～10%。当高热作用使得肿瘤细胞处于杀伤温度（43℃）时，正常组织仍处于较低温度而不受损伤，但肿瘤组织则在高热作用下引起即时性代谢反应导致其血流量更加减少，热量更加聚集并伴有pH值降低、氧缺乏及能量缺乏，从而引起肿瘤细胞的损伤。

　　高热还抑制了肿瘤细胞的DNA、RNA及蛋白质的合成，换言之，就是抑制了肿瘤细胞的增殖。

　　高热时，肿瘤骨架散乱，细胞的许多重要功能受损，如溶酶体、线粒体破坏导致细胞死亡。而且高热还可影响肿瘤细胞生物膜的状态和功能，使膜通透性增加，低分子蛋白外溢，膜内ATP酶消失，此时肿瘤细胞难以抵抗放射线及化疗药物的进攻，容易被杀伤杀灭。而高热，尤其是局部热疗方法，还可以刺激机体的免疫功能，起到限制肿瘤细胞扩散作用，正符合中医的"正长邪消"道理。

　　近年来，美国、俄罗斯、日本等国进行了多方面肿瘤热疗研究，结果表明热疗对恶性肿瘤确实有效。我国已有微波热疗、超声聚焦热疗及最新一代的射频热疗。微波由于穿透度浅，只能做浅表加热，多用于浅表肿瘤。超声聚焦热疗升温可达90℃以上，穿透力强，可治疗深部肿瘤。最新一代肿瘤射频透热治疗机解决了许多技术难题，能治疗许多深部肿瘤，并且安全、舒适、副作用小。如果对恶性肿瘤采用综合治疗，将会取得更加可靠的疗效。

ok

用胰岛素泵稳定血糖

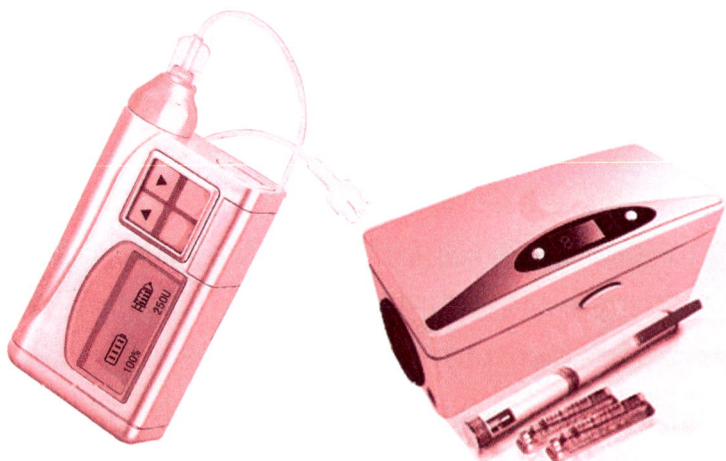

糖尿病人的高血糖让人头痛，带来的后果更是痛苦。许多并发症都是高血糖引发的，使糖尿病人的生命受到了严重的威胁。

国际卫生协会于1993年6月发表一项为期10年临床研究糖尿病控制和并发症（DCCT）的报告称，对1441名Ⅰ型糖尿病人研究的结果表明：严格控制血糖水平接近正常值（4.4mmol/L～6.6mmol/L）的一组患者，10年后发生并发症（包括心、眼、肾、神经病变）的机会远低于预期的50%～70%。这种强化血糖达标，能大幅度减少、减轻或延缓慢性并发症发生、发展的可喜结论，是糖尿病治疗史上的第二次革命（第一是1921年用于临床的胰岛素），是糖尿病治疗的里程碑。

当代医学界认为，强化控制血糖的最佳选择是安装胰岛素泵，DCCT报告中有59%的病人带泵。DCCT发表后，安泵风靡世界，也传入我国，全国各地安装的糖尿病人胰岛素泵均取得了很好的效果。

　　胰岛素泵又称开环人工胰岛、持续皮下胰岛素输注法（CSII）。它是由三个部件组成：常规胰岛素的泵容器、一个小型电池驱动的泵、计算机芯片（芯片用于患者准确控制泵释放胰岛素的剂量）。这一切封装在塑料盒内，其大小如同寻呼机。泵容器通过称为"注入部件"的细塑料管向人体释放胰岛素。泵模拟人的胰岛β细胞分泌胰岛素，可以常年使用，并且每日24小时释放胰岛素。它有两个释放节律，基础释放量和餐前大剂量（追加释放量），患者只要根据自己的情况设定自己的释放程序即可。小剂量胰岛素定时释放，称为"基础释放率"。这要在每次用餐之间和夜晚，胰岛素可将血糖控制在需要的范围之内。每当用餐时，患者还可以泵释放一次"药丸式剂量"的胰岛素，即餐前大剂量，以便与摄入的食物量相匹配。胰岛素泵输注方式模拟胰岛素分泌，更符合生理要求。

　　血糖控制稳定，能把高、低血糖风险降为最小，使用胰岛素泵，能仔细确定胰岛素释放量，以便与需要量相匹配。餐前大剂量调控好，可克服黎明清晨高血糖。胰岛素泵的基础输注量可根据自身情况进行调节。例如，如果存在夜间低血糖现象，就可以把夜间胰岛素基础输注量设定低一些。而对胰岛素高度敏感的病人，泵在避免胰岛素过量更有益，它的最小输注精确剂量为0.1单位。

　　胰岛素泵释放量准确而精细。无论用多少胰岛素，只要你设定好，胰岛素泵就会按时释放，血糖越不稳定，这种准确性越显得重要。胰岛素泵还可以释放极小剂量，如每小时可释放胰岛素0.1～2.5单位。为了提高生命质量，恢复正常生活，糖尿病人安装胰岛素泵是非常重要的。可以把生活安排得轻松愉快，颇有风趣，免去后顾之忧。并发症也就变得遥远了。

万不可马虎的烧伤

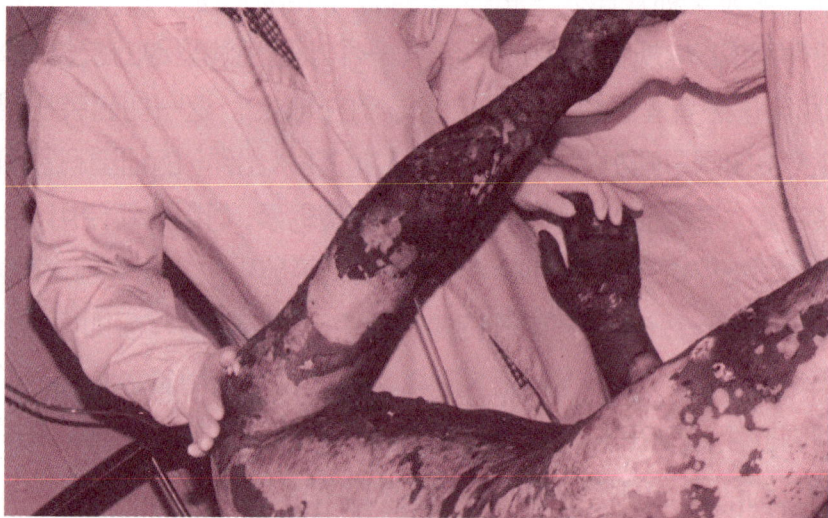

烧伤是常见外伤，属开放型的病理损害，日常生活生产中时有发生。据报道，美国每年有200万人烧伤，30万人需住院治疗，直接死亡约2万人。我国每年约有近1000万人烧伤，因此对烧伤防治应给予充分重视。

在日常生活中，伤后人们常常使用红汞、紫药水、獾子油或碱水涂抹创面，岂不知这些方法不仅不科学，而且掩盖创面的真实情况，影响医生判断。獾子油含有大量细菌，涂抹后容易造成创面感染，碱水本身容易引起化学烧伤，加深创面的深度。正确的处理方法是：局部用湿毛巾、冰块冷敷，以减轻疼痛、局部肿胀和进一步的损伤，然后再用干净毛巾包裹伤口，及时送医院治疗。对于酸和碱的化学烧伤可就近用流动清水持续冲洗半小时以上，以减轻对组织的损伤。

烧伤后皮肤出现潮红（Ⅰ度）、水泡（Ⅱ度）或焦痂（Ⅲ度）。那么烧伤后的水泡是怎样形成的呢？烧伤后微血管通透性增加，不但小分子物质跑出，分子量较大的纤维蛋白和白蛋白也跑了出来，这些物质积聚在表皮和真皮之间，就形成了水泡。水泡的成分主要为电解质、白蛋白、纤维蛋白、葡萄糖等。小水泡可以保留，机体能够吸收，大水泡则应剪开排液。

烧伤一般分为轻度、中度、重度及特重四类。轻度烧伤指总面积小于10％的Ⅱ度烧伤；中度烧伤指总面积在11％～30％，或Ⅲ度烧伤面积在10％以下的烧伤；重度烧伤指总面积31％～49％，或Ⅲ度烧伤面积在11％～20％，或虽烧伤面积不足，但却合并休克、复合伤、呼吸道烧伤、中毒之一者；特重烧伤为总面积大于50％，或Ⅲ度烧伤面积大于20％。因此小面积烧伤相当于轻度烧伤，中面积烧伤相当于中度和重度烧伤，大面积烧伤相当于特重烧伤。除轻微烧伤外，烧伤后应立即到医院诊治。烧伤后由于机体防御反应及水肿吸收，易出现发热，一般不需特殊处理，如体温过高可用物理降温或药物降温，如持续高热不退，可能是创面感染，应去医院就诊。

头面部烧伤反应强烈，渗出液多，易引起休克，而且头部烧伤早期出现高热、呕吐、脑水肿、急性胃扩张等并发症，要比其他部位多。特别是小儿处理不当，即使小面积的Ⅱ度烧伤，也可造成死亡。手及前臂烧伤，往往累及肢端血液供应，特别是结痂时，应及早切开减张。小面积烧伤还有一种特征是合并呼吸道烧伤、中毒或面颈部烧伤因颈部水肿压迫气道，引起呼吸困难及窒息。如病人出现咽痛，透气费力，声音嘶哑，有胸闷感觉，应立即去医院治疗，以防发生意外。小儿烧伤面积大于10％、成人烧伤面积大于15％时，即能造成组织低灌注，可能发生休克，应及时去住院治疗。烧伤总面积超过50％均可发生休克，必须到专科医院治疗。

抗氧化治疗"类风湿"

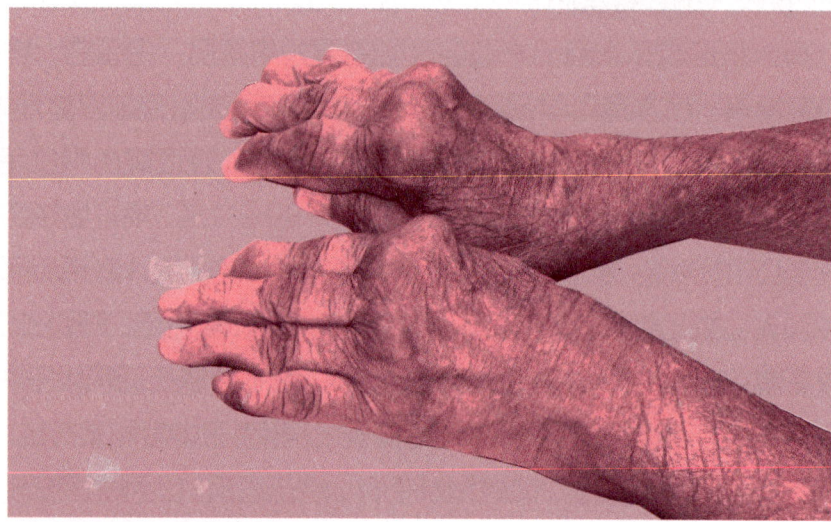

　　类风湿性关节炎是一种严重危害人类健康的慢性常见病。尽管至今病因尚未确切肯定，也无根治方法。但是比较肯定的认为，是自身免疫性弥漫性结缔组织病，是由于类风湿因子（一种因感染致成免疫球蛋白变成的致病因子）引起腕、掌、指关节肿胀、疼痛、晨僵、关节间隙变窄等病理改变。此病一时又危及不了生命，但缠绵不愈，人们称为"不死的癌症"。

　　类风湿性关节炎患者多为青壮年，病程许多长达10～20年。这种病的患病率很高，有的国家达1%～3%，我国为0.6%左右。许多类风湿病人因骨关节增生、变形、强直、肌肉萎缩等导致残疾，患病三年致残率近50%，生活不能自理。此疾病极为痛苦，所以古今中外医学家都在下功夫攻克，但均没有取得显著疗效。

　　近些年来，临床实践证明，蚂蚁对于治疗类风湿有奇特的效果。蚂蚁体表的角蛋白在高科技的酶化工艺过程中，进行充分水解，分解为氨基酸、多肽类，加上蚂蚁的蚁酸（相当于甲酸），对于类风湿性关节炎患者，能增强胸腺、脾脏等免疫器官的生理活性，提高免疫调解机能，使白细胞数增多，降低红细胞沉降率，促进类风湿因子转阴，减少自身变异抗体的产生和对自身细胞的破坏作用，刺激造血功能旺盛。特别是在细胞免疫的T淋巴细胞平衡中起到积极作用。这与中医传统理论的注重调节阴阳平衡的法则是相吻合的。

类风湿性关节炎的现代医学治疗是以非甾体抗炎药物为前导，具有强力的抗炎解热镇痛作用，但是其副作用也很明显。蚂蚁中的蚁酸对类风湿的治疗就有类似非甾体抗炎药物的作用。因为它也能对花生四烯酸的脂氧化产生抑制作用，还因为它直接抑制环氧化酶（COX）的活性。科学家对于环氧化酶同工酶的认识还是90年代开始的。环氧化酶有两个同工酶COX-1（组成酶）和COX-2（诱导酶）。当诱导酶增多时，促进体内的炎性介质、致痛觉敏感化物质和致热物质（PGs）的合成。当蚁酸增多时，诱导酶减少，花生四烯酸的脂氧化也减少，类风湿的炎症、疼痛、肿胀等明显减轻。可见中药蚂蚁经过酶化工艺处理后，治疗类风湿与非甾体抗炎药物能取得殊途同归，而且有过而无不及的效果。

归元精其组方中含有蚂蚁、人参、鹿茸、首乌等18味名贵中药，经过高科技的酶化工艺处理，其有效成分能充分发挥出激活沉积的致病因子，游离在体液中，然后通过发汗排除体外。加上其他药物的协调、滋补效应，可在临床上发挥出显著作用。许多呻吟在痛苦之中的类风湿病人得到了解脱，许多因类风湿病而辍学的大中小学生在"健康救助"中得到了康复。每当他们重返课堂的时候，都是感慨万状，异口同声地说，"是高科技救了我！"

ok

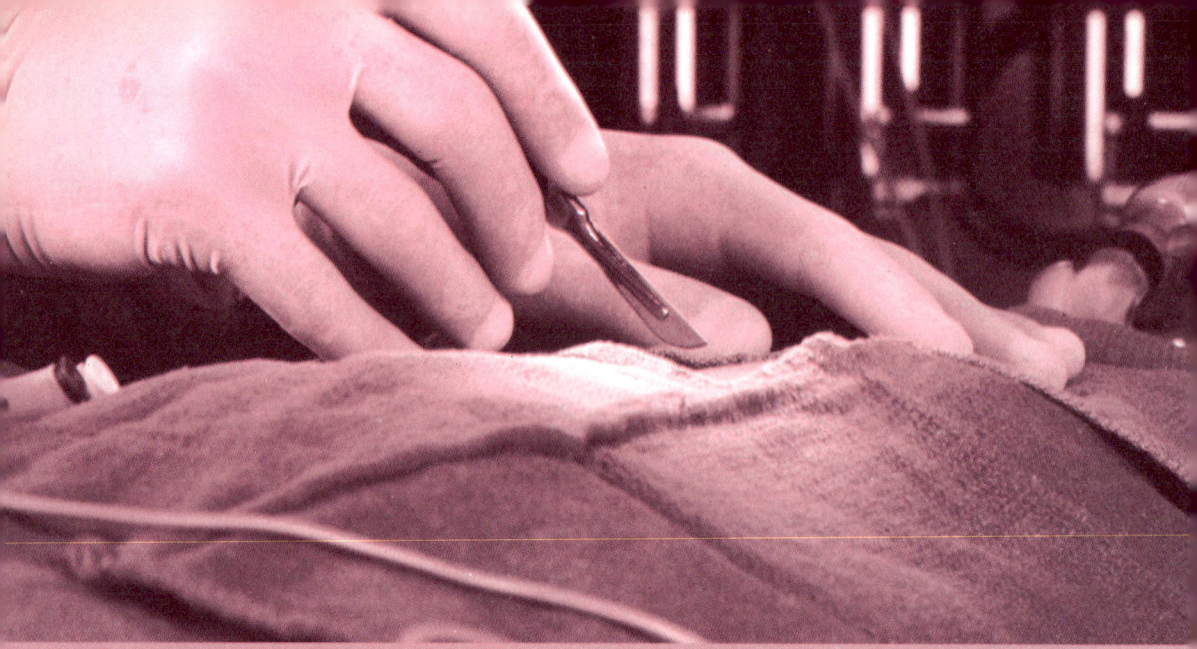

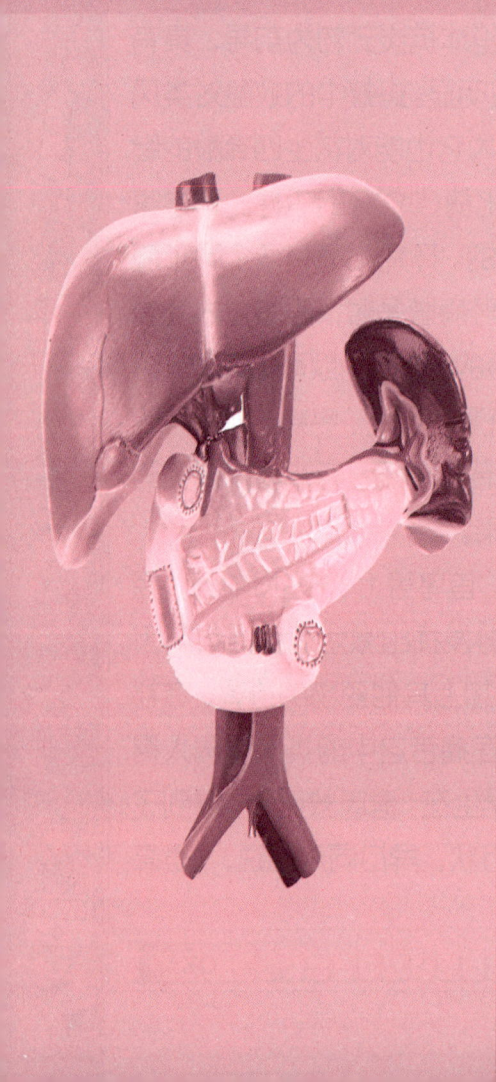

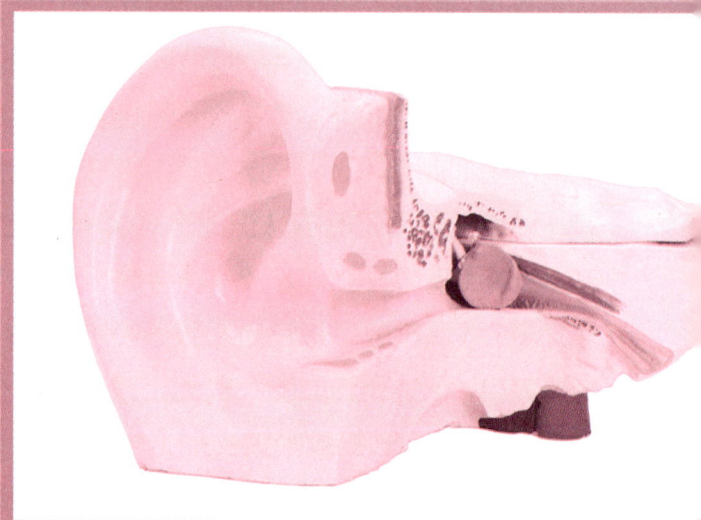

第三章　人体修复的美好前景

康复医学是针对人体在治疗后遗留下来的组织器官结构和功能障碍的恢复医疗。它不仅仅针对那些残疾人，还包括众多的病愈后不能正常恢复组织器官功能的病人。康复医学包含着两个层次内容：一是有病组织器官病愈后还有一定的生理功能，需要医疗提高功能达到满足生理需要；二是原来的组织器官经过疾病的操作已经丧失了或大部分丧失了功能，需要有新的组织器官替代，就是器官移植。在康复医学中绝大部分是前者，而后者只是少数。据不完全统计，全世界有9亿~10亿人是康复医学的对象，其中需要器官移植的约有6500万人。

人类社会进入21世纪，康复医学已经展示出美好前景。世界各地康复医院蓬蓬勃勃地建立起来了。新型的康复设备不断涌现，康复专业医生的技术水平不断提高，康复医疗方法越来越多，新的康复医疗药物不断问世，康复医学已经被全世界重视了。还有，器官移植已经在全世界普及开来，人工器官也越来越精巧耐用，断肢再植已经遍地开花，断肢再生已实验成功，由于再生医学有了新的突破，组织工程得到了很快的发展，器官细胞培养、克隆器官、转基因器官、再生器官等均将成为现实。

最近兴起的再生医学也很有前途。1973年美国纽约州立大学研究再生的贝克尔博士发现，用小安培电流刺激人体损伤部位可促进组织再生。1975年莫斯科大学斯图季茨基教授试验，用弱电流刺激破碎肌肉组织在原位上有明显的再生能力。近来研究表明，在电磁的作用下，人的肢体可以奇迹般地再生。接着，"组织工程学"相继诞生，为肢体再生研究带来了新的曙光。最近，"种耳"的研究已经成功，"种耳"计划正在实施。美国麻省理工学院学者们应用复杂的海绵体性质的组织（即多孔渗水组织）在三维支架上"种植手"的不同细胞，有活性细胞生长，长成手的皮肤和外形跟真手一样，只是还难以有相同的功能。

康复医学在高科技的推动下是大有前途的，不久的将来让盲人重见光明、使聋哑人复聪讲话是很有希望的。

征服疾病的 "核武器"

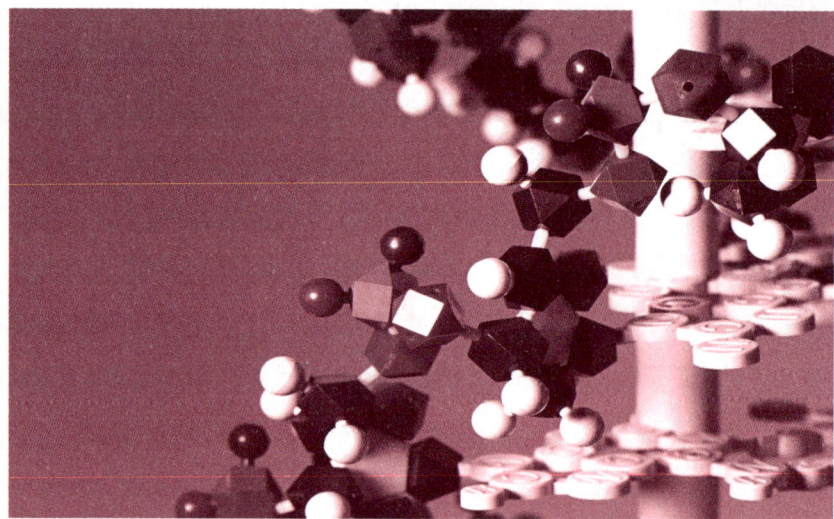

　　人体最基本的功能单位是细胞。细胞核中的脱氧核糖核酸（DNA）是生物的遗传物质，而基因就是 DNA 分子中的一个片段。它是由一定数目的核苷酸按一定顺序串联而成。基因的大小甚为悬殊，一般来说，每个基因平均含 1000 个核苷酸对。

　　现已查明，遗传病是特定基因变异所致。也有些疾病与基因改变有关，像癌症、心脑血管病、糖尿病等，这些病都是医学界棘手的难题。就拿众所周知的白痴来说吧，它是一种遗传病，是由于身体细胞里缺少一种半乳糖酶的基因出了毛病，所以治疗此病需要补充正常基因。近年来，把这种从根本上改变基因结构，重组或修饰病变基因，称作基因治疗。

　　传统的药物治疗方法，无论是西药、中药，还是口服、注射或局部用药，甚至使用基因工程制作的药物，都是在人体细胞膜外面起作用，难以深入到细胞内部。而基因疗法要求基因必须穿过细胞膜进入细胞核，这是药物史上从来没有过的作用方式，是真正的"核武器"。

1971年，西德试用基因工程治疗白痴病人。首先用生物刀把大肠杆菌细胞中能分解半乳糖酶的基因切下来，装在一种噬菌体上；再把这种装有基因的噬菌体送入病人细胞中，细胞接纳并运用这个基因后，就能自身产生半乳糖酶，而且还能传给后代细胞，这样就能把白痴病治愈。

1976年美国学者科纳拉用人工合成基因，为基因治疗提供了新的手段。1977年美国又合成一种可在细胞内分解SS人脑激素的人工合成基因。1990年9月14日，马里兰州美国国立卫生研究院医生，用滴注法将一种灰色溶液给一名4岁女孩输入静脉。这女孩患有先天性重度免疫缺陷病，其免疫系统缺少一种叫腺苷脱氨酶的物质，经受不住细菌或病毒的侵袭，只是在一种特殊的密闭状态下生活。医生抽取她的血液，分离出白细胞在实验室里培养，用携带正常腺苷脱氨酶基因的反转录病毒感染后再注入患儿体内。经处理的白细胞可产生腺苷脱氨酶，于是免疫功能逐渐恢复。不久她解除了密闭生活状态，开始了正常人的生活。

1993年4月16日，美国食品与药物管理局(FDA)批准采用基因疗法为人类囊性纤维变性患者进行治疗。英国伦敦、法国巴黎、瑞典哥德堡、荷兰莱顿、德国马尔姆的几家骨髓移植中心携手合作，从1994年开始试验性地为先天性免疫缺陷病用基因疗法治疗。我国也于1993年在北京成立了中国科学院基因治疗中心，随即上海也成立了人类基因治疗研究中心。

基因治疗的范围广，包括免疫缺陷病、遗传病、癌症、心脑血管病、糖尿病、老年性痴呆症、帕金森症、红斑狼疮、艾滋病等。基因疗法已经从试验室走向临床，许多不治之症将被征服，这是医学史上新的丰碑。

ok

人体修复不是梦

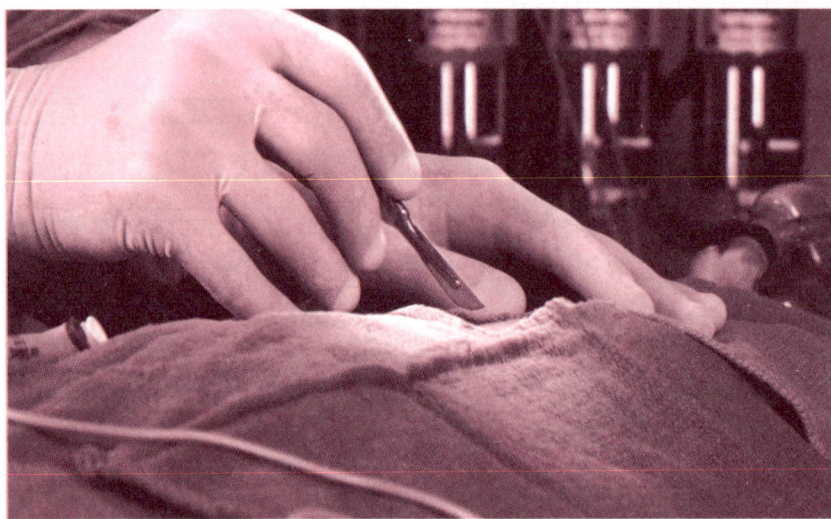

　　许多倒在病床上的患者都不约而同地提出过，"人身上的零件坏了，若能像机器检修那样，换上个新的该多好啊！"是的，医学家很早以前就进行过器官移植，近些年来许多器官移植获得了成功，像肾移植、皮肤移植、心脏移植等都得到了不同程度的普及，挽救了数以几十万计的生命。但是，器官移植还有许多难题。

　　随着生物技术的蓬勃发展，许多人造器官或再生器官的问世，人体修复已经逐渐成为现实，人类的平均寿命已经向120岁的极限冲去。

　　先说说人工心脏。2001年7月，美国一家医院成功地进行了世界上第一颗人工心脏手术，完全可以代替心室功能，这标志着人类治疗心脏病取得了重大突破。当前患者因心脏病死亡率居高不下，急需要人工心脏的替代。从1957年开始人工心脏取得重大突破；1967年南非医生斯琴·巴

纳德博士开创了人类心脏移植手术,后来的人工心脏都是压缩式的;最近维也纳医科大学研制出一种旋转式稳流人工心脏,体积小,可靠性强;英国研制出一种新型人造心脏,体积小于拇指,安装在心脏内部;美国新研制出来的由计算机操纵的人工心脏,安装给病人后可以参加游泳等剧烈活动,实验中创造了1.6亿次无故障跳动,相当输送200万升血液,使患者生存5年。

再谈谈人工肾。具有净化血液的人工肾是人类最早应用的人工器官。近年来,研究人员在提高净化材料的生物相容性、减少对人体免疫系统的影响、提高对高分子量溶质的清除等方面做了大量工作。个体化人工肾、复合式人工肾、血浆分离与免疫吸附复合使用等技术在不断完善。目前人工肾的研究走向计算机化,使人工肾能在透析中监视血压,调节血泵的速度,实现无症状透析装置,着力普及家庭透析。不久植入式人工肾将会变成现实。

还讲讲人造血浆。俄罗斯发明的人造血浆最近获准应用于外科手术。这种被称为"蓝血"的人造血浆是由氧化氟组成。氧化氟是一种惰性物质,不与人体内任何物质发生反应,同时气溶性很强,比真正的人体血液溶解和携带气体的能力更强。蓝血的粒子很小,不会发生血栓,是防治血栓的有效药物。但其价格较高,目前只用于军队或急救。美、日学者研究的以人造红细胞为主要成分的人造血浆,被称为"红血",但容易引起血栓。

还有人工肺的研究也有新进展。一种全新的人工肺与人肺体积差不多,应用气孔纤维管与氧罐相联进行气体交换。但植入体内还困难。

我们深信,人工器官的研究随着生物工程的发展和基因时代的到来,很快会出现崭新前景。

组织工程的新展望

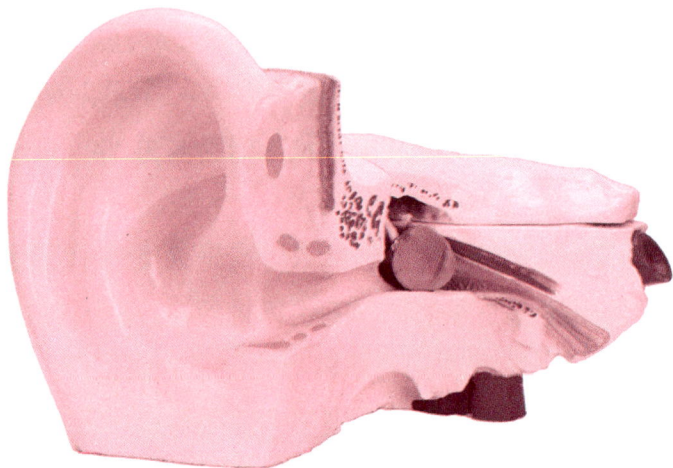

　　组织工程就是应用细胞生物学和工程学原理，在实验室里将人体某部分的组织细胞进行人工培养繁殖，扩增千万倍。把这些细胞种植和吸附在一种生物材料的支架上，然后一并移植到人体内所需要的部位。这种支架必须相容性好，并可以在人体内逐步降解、吸收。这是近几年研究成功的组织工程新技术，对于外科组织器官移植起到了变革作用。

　　20世纪80年代，美国波士顿麻省大学和哈佛大学建立了组织工程实验室。1990年首次用裸鼠的肋软骨在裸鼠背上成功预制了人耳郭软骨的支架，再造了形态逼真的人耳郭。1996年，我国留美学者曹谊林博士用大白兔的肋软骨在兔耳上再造了人耳郭，且形态更为逼真。除了软骨细胞外，这项研究已逐步扩展到其他组织和器官，如肌腱、气管、血管、骨骼、神经、角膜，以及血细胞、人工心脏瓣膜，甚至一些重要器官，如胰腺、肝脏、肾脏等。除美国外，目前日本、英国、法国等也开始此项实验研究。我国正处于萌芽阶段，还不能应用于临床。

其中软骨细胞的培养与种植已趋于成熟。先天性耳缺损病人可望在近1～2年内成功地移植。

其实，外科医生手术使用的缝合线就是一种生物材料。当医生用缝线把创口缝牢，过几个月后创伤愈合，缝线逐渐地降解被人体吸收和排泄了。在组织工程技术中，用这些材料制成的各种三维结构的细胞培养载体，即支架，可以在细胞再增殖过程中为它们提供营养物质，进行氧和二氧化碳交换，并排泄废料，而它自身却又逐渐被人体降解、吸收和排泄，最后形成特定功能和形态的新组织和器官，达到修复和再造的治疗目的。

人体组织或器官的丧失和功能障碍是健康的主要危害之一，也是疾病和死亡的主要原因。美国每年有几百万例各种组织器官功能障碍病人，每年需做800万例手术，需4000万～9000万个住院日，耗资超过400亿美元。世界各国虽然无正式统计，但实际数字也是惊人的。

组织工程技术的兴起和发展，可以从根本上解决人体的各种组织，包括部分重要器官在供体方面的来源，节约时间和费用，在恢复健康，提高生命质量，延长寿命等多方面为人类造福，其发展前景是非常广阔的。

再者说，组织工程技术改变了人们对组织移植的老观念，进入修复再造的全新领域，使医学治疗走向一次革命性的变革，必将出现一个充满希望的全新时期。

心脏移植寻常事

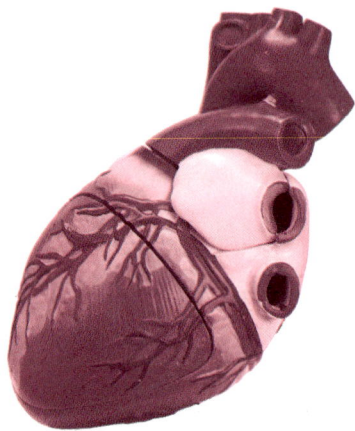

　　心脏移植，俗称换心术。这在20世纪初是不敢想象的事情。到了20世纪60年代末，南非医生巴纳德做了第一例心脏移植手术震动了医学界。相继，有22个国家的64个手术组抢着给101例病人做了心脏移植手术。可惜，出现了许多难以克服的障碍，特别是机体排异反应，与其他器官移植一样，简直无法控制，大多数病人在术后只存活了几个星期。在失败面前，许多外科医生泄气了，使这一手术停顿了5年之久。又经过了近20年的探索，到了20世纪80年代心脏移植才告成功。如今，全世界已有了数千例心脏移植成活者，尽管这个福音可告慰几百万心脏病患者，然而，能做上手术的还是微乎其微。

　　随着心脏移植技术的不断发展，如今，许多国家一级医院都能开展了。1978年10月，法国发生了一件轰动医学界的奇事。阿尔努詹克研究

所的心脏病专家们给一位患有严重心肌病的48岁商人皮埃尔·昂萨多成功地植入了一颗死于交通事故的15岁少年的心脏，使这位皮埃尔用两颗心脏活着，新植入心脏同原来有病心脏是并联的，病心只担负正常工作的15%，而新植入的心脏成为保障生命生存的主力。术后几个月病人康复出院了。

心脏移植手术走在前列的是美国的斯坦福大学医学中心，在20世纪80年代已成为名副其实的世界心脏移植中心，即时已完成心脏移植200余例。斯坦福大学舒慕威和史汀生的手术组一直在坚持不懈地深入研究，精心改进，日臻完善。协同免疫学家、病理学家和心脏病学家长期密切合作，逐步地延长了患者术后的存活时限。他们在12年里共完成181例患者心脏移植，其中72例还活着。术后1年存活率由最初的22%，渐渐增加到69%，后来5年存活率已接近50%。术后1例存活最久的病人长达10年以上。

排斥作用仍然是心脏移植的首要问题。在史汀生博士的领导下取得了两项突出的成就。第一项是研制出一种快速而极其精确的排异监测技术；第二项是研究提纯抗胸腺细胞球蛋白，这种球蛋白能抑制或消灭胸腺细胞，从而减轻或消除排异作用的干扰。

近年来，心脏移植手术普及比较迅速，全世界已经有5000余例了。光亚洲就完成近千例，3年存活率为70%左右。

然而，心脏移植还存在不少难题。一是适应症的选择，如不成功必死无疑，所以学者们还有争论；二是心脏的供体还很奇缺，这是目前的主要障碍；三是供体心脏保存技术还需进一步改进完善。现在只能保存3个小时是不适应的。但是，将来的自体心脏培植成功后，就会出现随心所欲的局面了。

转基因猪心换人心

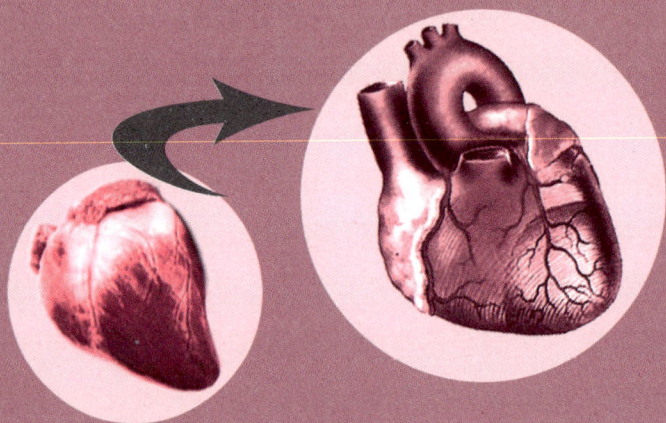

　　当代生物医学的进展，已经将许多"不可能"变成"可能"，器官移植也不例外。虽然人类成功地进行器官移植已近半个世纪，但因其进展快速而使器官来源显得"供不应求"。不少科学家将目光转向了动物，希望动物器官能成为人体器官移植的捐赠者。猪很可能成为提供动物器官的第一候选者，因为它成长快，器官大小与人相近，饲养经验成熟，很少有与人共染的疾病。

　　1992年2月英国爱丁堡罗斯林研究所宣布，一头复制克隆羊"多利"诞生；相继，美国成功复制两只克隆猴；澳大利亚复制出470头克隆牛；英国又造出一头带有人类基因的克隆羊"波利"；美国又复制一头取名"基因"的公牛；日本从单一受精卵"批量生产"多达200余头克隆牛；我国的克隆牛也于2002年成批诞生了。有的克隆牛或克隆猪看上去与普通牛、

猪无区别，但其遗传基因中含有人类的基因，可能成为人体疾病器官的替代品，而且消除了人体器官移植的排斥性。

人体内有个"防御系统"，医学称为免疫系统。它能识别进入人体的外来物并给予排斥。异体的器官移植过程中，免疫系统的积极防御功能就不允许"外来物"进入，对其加以攻击排斥，从而造成许多移植失败。尽管移植前做组织类型相容性配合试验，排斥反应也避免不了。所以移植器官的选配是个艰难的课题。如果应用生物工程的转基因技术，将人的基因嫁接到牛或猪的遗传物质中，培育出能被移植的器官，用来拯救人类生命，那么不仅器官的来源丰富了，又克服了免疫系统的排异性。

其实，将动物器官移植给人类由来已久了。1920 年一位法国医生将猴的睾丸移植给老人；1963 年有 13 位病人接受了黑猩猩的肾脏；1964 年首次将黑猩猩心脏移植给人；1984 年接受狒狒心脏的婴儿活了 20 天；1992 年移植狒狒肝脏病人活了 2 个月；1995 年一位接受狒狒骨髓移植的艾滋病病人病情有好转；1997 年猪胎神经细胞注入帕金森病脑组织，病人存活了 7 个月。尽管动物器官移植入人体"屡战屡败"，但医学界总结出了教训，找到了新路。只有转基因的动物器官移植才有用武之地。

2002 年我国南京鼓楼医院移植转基因猪心获得成功，引起国人强烈反响。21 世纪的"器官捐赠中心"将各种转基因动物器官源源不断地送到各医院外科使病人康复。这不是幻想，实现的日子已经很近了。

不开刀治愈"先天心病"

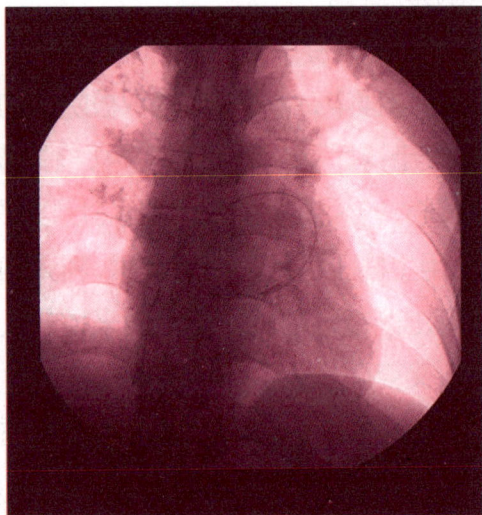

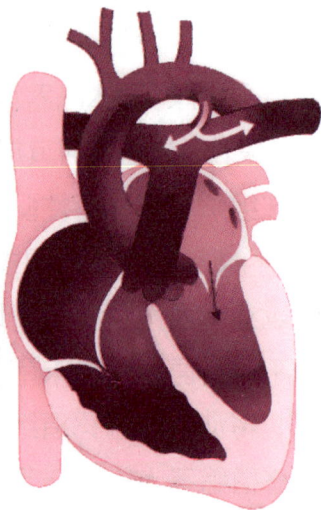

　　胎儿的心脏血管发育不正常，出生后的心脏血管构造与正常人不同，这类疾病医学上称为先天性心脏病（简称先天心病）。最常见的先天心病如心房间隔缺损、心室间隔缺损、动脉导管未闭症、肺动脉瓣狭窄、法乐氏四联症等等。

　　先天心病是一种常见病，多发病，大约有0.8％的新生儿出生时患有先天心病。我国每年约有15万新生儿患有形态不同的先天心病。先天心病早期没有任何不适，家长不易发现，因此必须对新生儿和儿童进行心脏检查，如有异常，应及时做超声心动图或者心导管检查。如果孩子出现喂食困难，体重不增，呼吸急促，心跳加快，比同龄儿长得慢，运动量小，容易感冒，或有胸闷、心慌、嘴唇发紫、左胸异常隆起等症状，再经医院检查即可确诊为先天心病。因此，早期诊断对于护理和治疗均有好处。

　　先天心病是心脏血管结构和功能异常的结果，过去认为，只有进行开胸心脏直视手术修补方能治疗。但是，手术的难度很大，风险更大，还会留下很大的伤疤。因此，影响了患儿及家长求治的积极性；医生也是顾虑重重，忧心忡忡。随着医疗技术的飞速发展，介入治疗技术的普及和提高，有很大部分的先天心病，如肺动脉瓣狭窄、心房间隔缺损、动脉导管未闭、肺动静脉瘘、冠状动脉瘘、肺动脉狭窄、主动脉狭窄等等，都可以通过介入治疗得到治愈和缓解。但是由于人们对介入技术不了解，20年来仅有4000余位患儿得到介入治疗。

　　先天心病的介入治疗过程比较简单，利用导管经下肢股动脉送入心脏病变处进行扩张或封堵。介入治疗损伤小，术后一天即可随意活动，术后两天即可出院。对肺动脉瓣狭窄、心房间隔缺损、动脉导管未闭的治疗成功率在95％以上。先天心病的介入治疗的远期疗效良好，与直视手术效果一样，并发症更少。

　　先天心病的治疗原则是早期发现，早期治疗。出生后即发生心衰的新生儿可以马上进行心导管检查，必要时立即施行介入治疗。对出生后无症状的患儿，可以在半岁左右施行介入治疗。对心房间隔缺损病儿可以在两岁后施行介入治疗。对室间隔缺损者可在3～6岁施行介入治疗。万不可把适应症拖到6岁以后或者到成年，那就丧失了治愈的良好时机了。

　　先天心病许多不治者在青少年夭折，抓住时机介入治疗是目前保护青少年的最佳途径。目前介入治疗已经在全世界普及开来，我国各省市许多三级甲等医院介入医学科均开展此项手术。但愿先天心脏病患儿家长勿失良机。

脑再生医学的新突破

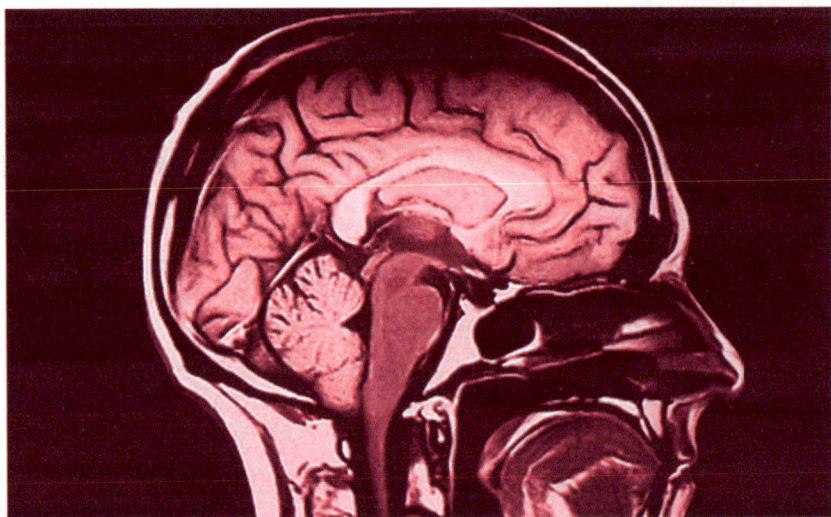

　　医学界过去一直认为，脑神经细胞不能再生，是从出生到死亡一次性的生命过程。过去还认为，脑挫裂伤是颅脑损伤中较严重的一种，轻度者恢复也缓慢，还要留下对侧肢体瘫痪、失语症、瞳孔散大等后遗症；重度脑挫裂伤，症状重，昏迷长，死亡多。

　　近来报道，我国跨上脑再生医学新台阶，华山医院完成了首例成人干细胞自体移植，该手术成功标志着我国神经干细胞的基础研究和应用已跨进脑再生医学的先进行列。

　　这次接受自体神经干细胞移植术的是一位40岁的女性，患者被锐器刺入脑内深达10厘米，双侧脑额叶严重受损。华山医院神经外科的医务人员从其破碎的脑组织中成功地培养出神经干细胞，又将神经干细胞进行了克隆，并将克隆的神经干细胞进行了体外增殖和分化实验，再移植到免疫缺陷的裸鼠脑内观察其迁徙和分化能力,同时还在猴子脑内进行了神经干细胞的移植试验。

为了将神经干细胞重新精确地移植到患者脑内特定的手术目标点,主持该手术的华山医院神经外科主任周良铺教授等专家们采用了核磁共振扫描导向立体定向术,进行神经干细胞的移植。该手术共进行了3个小时,共计约500万个细胞分多点注射移植到患者脑内。

由于这次成人神经干细胞移植术采用了自体干细胞移植,而不是国际上通常采用的胚胎组织,因此患者术后没有免疫排斥反应,恢复较为平稳,15天后患者神经功能有加速进步现象,术后第20天出院所进行的正电子发射计算机断层扫描(PET)检查显示,损伤区域脑代谢有所改善。患者经训练后可动手织毛衣、包饺子。

据有关专家介绍,成人神经干细胞在体外培养过程中受生长因子和营养因子的驯化,调控增殖和分化的基因可被激活或重新编程,移植到脑内后,在脑损伤边缘区域产生的刺激信号的诱导下增殖分化,从而部分替代损伤中丧失的神经细胞。另外,神经干细胞移植入脑后,可分泌多种神经营养性因子,促使受损伤但未凋亡的内源性神经细胞存活,长出新的突起和恢复细胞功能。

我国首例成人自体干细胞移植术的成功为脑神经外科在脑挫裂伤的抢救和治疗,开创了新的里程碑。相信在不太远的将来,应用自体神经干细胞移植术在脑神经外科的其他领域里,也将取得丰硕的成果。

断肢再生话"种"手

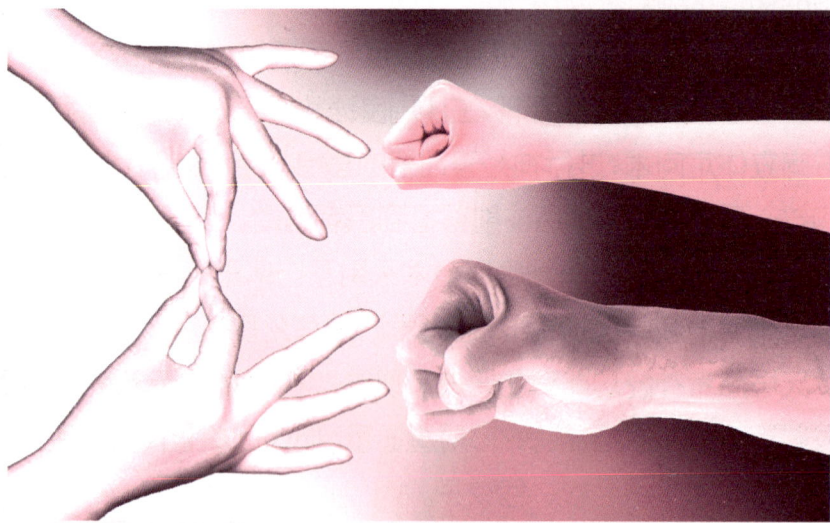

　　再生医学的发展也是突飞猛进，许多激动人心的成果不断出现。然而，如果说一位不幸失去大腿的人，会同样长出一条新的大腿来，这似乎是一个离奇的梦幻，但科学家们正在努力寻找打开断肢再生神秘之门的钥匙。

　　早在1945年，美国生理学家罗斯用青蛙做了一个有趣的实验。大家知道，青蛙只在蝌蚪时期肢体有较强的再生能力，当长成青蛙后便失去了再生本领。实验时，罗斯把几只青蛙的前腿从膝盖以下截断，然后把残肢浸在浓盐水中，过了一段时间去观察时，不禁大吃一惊：原来被截除的肢体长出了新的骨头和肌肉，而且有的还开始长出足趾。后来，有人每天用针头刺激青蛙断肢伤口，结果发现了再生现象。事实表明：对于一个天然没有再生能力的动物，完全可以用人工刺激方法促使其获得再生能力。

1973年，美国纽约国立大学的贝克尔博士接受了这样一名病人，他的髁骨骨折，两年没有长好，经过两次矫正手术还是没有成功。在这种情况下，贝克尔尝试着在病人骨折部位植入一个电池，过了三个月，破裂的髁骨经再生之后，居然变得和原来一模一样。专家预言，再生可能很快用于治疗那些断了脊椎的病人。脊椎断了一般不会再生，但电刺激可能会使那些脊髓损伤病人康复。

为什么受电刺激后肢体会再生呢？至今仍还是一个难解的谜。近年来，科学实验结果表明，在电磁的作用下，人的肢体很可能会奇迹般地再生。相继，许多科学家正在探索如何激发人体器官潜在的再生能力。同时，一项被称为"组织工程"的新兴学科崭露头角，给断肢再生研究带来了新的曙光。最近，"种"出人手的计划正在开始研究。"种"手计划是由美国麻省理工学院一个科研人员宣布的，他们发明了一种聚合体泡沫材料，能够让活性细胞生长。

他们是用一种复杂的海绵体性质的组织，即多孔渗水的结构组织，在同一个三维支架上"种"植手的不同细胞，使活性细胞生长。长成的手皮肤和外形跟真的一样。然而手指不像真的那样灵活。

人类进入21世纪，应用自己的聪明与智慧开发的高新技术，合成各种有功能可相容的组织或器官（即组织工程），或克服免疫排斥而进行异体或异种组织与器官的移植，不仅能更换损伤的组织与器官，使人类自己永远处于"青春"，并时时具有"活力"，这是20世纪的梦想，是21世纪的现实。

ok

皮肤再生中干细胞培植技术

　　人体皮肤细胞具有很强的再生能力，所有皮肤损伤后很容易修复，这是人所共知的。但是，皮肤细胞的再生过程也是极其复杂的，其根源和动力在于皮下干细胞。

　　近代科学研究，从组织切片的光镜和电镜观察中发现了许多奇观：皮肤组织细肤损伤的特点是结构破坏，真皮层出现空泡坏死，发生淤血，真皮血管发生栓塞等。经过治疗后坏死的固体组织先变成液体组织。就拿烧伤治疗来说吧，治疗5天时由表入里层层液化，治疗10天结束液化开始修复，界限清楚了，膜下面开始再生了，出现了干细胞群，这是一堆增殖分裂、分化能力比较活跃的细胞，从少到多，形成一个胚胎样结构，再转为从多到少，直到皮肤创面愈合后而消失。可见原位干细胞在损伤皮肤再生过程中起到重要而关键作用。

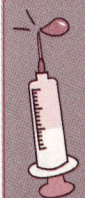

　　干细胞的存在及其周期性变化规律是临床治疗皮肤损伤的主要环节。有些细胞可长期处在 G0 期或 G1 期，只有在一定的条件下才出现增殖活动；但有些细胞可持续进行分裂活动。分裂后的部分子细胞可分化为执行一定功能的成熟细胞；另一些子细胞则保持连续分裂、增殖的能力，此即干细胞。正常皮肤表皮基底层干细胞可不断地进行分裂，新生的细胞向上移动，在到达棘层深部时，可再分裂 2～3 次，而后失去分裂能力。在烧伤的治疗中，采用免疫细胞化学方法在烧伤创面上寻找和印证干细胞。应用再生表皮干细胞能合成特有的19型角蛋白，用抗人角蛋白19型单克隆抗体，用生物素——抗生物素DCS体系间接免疫荧光技术，能准确特异地测定出皮下组织再生的表皮干细胞。凡角蛋白19型单克隆抗体免疫荧光试验呈阳性反应，说明干细胞的增殖分裂活跃。实验还发现，细胞的再生，干细胞的增殖启动是在受伤后的两小时开始，而不是像以往所说的3天才开始再生。因为从两小时的渗出开始，细胞从中获得生物素，并开始分裂，第4天可见到大量的原始干细胞。直到真皮层修复完整，角蛋白19型阳性细胞的数量也就恢复到正常皮肤的水平了。

　　研究还发现，骨组织里面能生长皮下组织和皮肤组织，将烧伤骨表面钻孔，当肉芽形成时会有表皮细胞生长，并能实现愈合。因为骨髓中有造血干细胞，而且是多功能的干细胞。所以，在皮肤损伤治疗中，应用自体骨髓干细胞克隆增殖后多点移植术将是很有前途的治疗方法。但是应该注意，抗生素的应用必须抓住适当时机，因为抗生素能直接影响干细胞的增殖再生能力。

ok

巧取基因老人长新牙

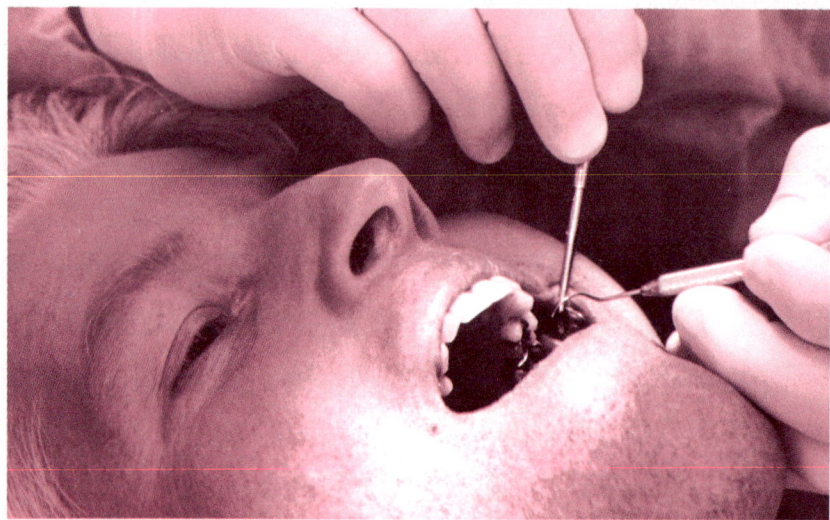

1990年9月29日上海《新民晚报》报道，八旬老人李申如长出18颗新牙，不仅能吃一般食物，而且还能吃炒蚕豆。这条消息引起了许多人的惊讶，也引来了许多好奇的人。

其实，老人长新牙的事情古今中外均有发生。唐代女皇武则天在她78岁时长出了两颗新牙，她以为是长生不老的兆头，高兴之余竟把原来的年号"如意"改为"长寿"；土耳其有位老妇人名叫哈蒂杰·于勒盖尔，在满口牙掉光以后，105岁那年又长出了10颗新牙；江西省春宜县有位101岁，名叫罗世俊的老人，80岁时牙齿全掉了，百岁后竟长出了27颗新牙；广州有位92岁老太太叫马才，也曾长出一颗新门牙……

对于老人长牙也引起了许多科学家的关注。最后，人们从牙齿的胚胎发育变化中找到了答案。

人的胚胎发育期一般有两套牙胚。第一套牙胚是在出生后6～8个月发育成乳牙，共20颗；第二套牙胚是在7～8岁时代替脱落乳牙的恒牙，共32颗。但最后一颗大臼齿（又称智齿）萌出很晚，有的终生不萌发。这是因为营养不良或牙床容纳不下。个别老人大牙脱落后未萌出的智齿牙胚才开始萌发。武则天新长出的两颗新牙就属此类，医学上称为"阻生牙再萌出"。还有一些人在胚胎期就有第三牙胚，到了老年阶段开始萌发。像罗世俊、哈蒂杰等老人的新牙就是此类，医学上称为"后恒牙"。医学家们在考虑，能否让所有牙齿不好的老人在晚年都萌生出一口好牙呢？

据估计，拥有第三牙胚的人很多，经过检测后，对有第三牙胚的老人在需要萌生的时候，人工创造"后恒牙"的萌生条件；对于先天没有第三牙胚的老人，可采用基因工程技术，将牙龄其他细胞进行基因替代或基因转移治疗，也就是人工制造第三牙胚促使萌动发育成功。这其中的方法很多，像物理法的脂质介导、显微注射等，化学法聚糖介导转染法，生物病毒载体逆转录病毒等；在人的胚胎发育阶段做好第三牙胚准备，在牙胚的卵裂中，应用分子生物学技术分离出第三牙胚保存备用。随着再生医学新技术飞速发展，为牙齿再生提供了重要条件。当前人类再生医学的发展已经完成了第一步的皮肤伤口再生愈合，进入第二步原始非特异性细胞形成再生芽。到了第三步再生芽分化形成新的器官，为牙齿再生会提供先决条件。

当然，在科学技术高速发展的今天，人们保护牙齿的知识丰富了，恒牙的寿命也会延长。再说人工牙齿镶复技术不断提高，像牙齿移植或种植牙齿技术已经普及了。但是，后安上的牙齿总是不如自己长出来的，就是进食的味觉也有鲜明的区别。再说，人各有所好，很多老人热衷于自己长出来的牙齿。

肾移植手术随心所欲

　　肾脏是人体的污水处理站。它既负有通过排尿完成体内的新陈代谢作用，又有调节水和电解质平衡功能。肾脏还分泌很多激素，如肾素、前列腺素、红血球生成素等具有调节血压和稳定内环境的功能。得了慢性肾炎、慢性肾盂肾炎、间质性肾炎或先天性多囊肾的病人，到了晚期肾功能逐渐衰竭就会死亡。自从发明了人工肾和肾移植后，两项技术结合起来抢救尿毒症病人，死亡率大大下降。然而，肾移植手术尽管是器官移植开展得最早，现在已经普及开来，但由于供肾来源和排异作用的障碍，成本很高，接受能力较差，还不能随心所欲地挽救所有的尿毒症病人。

　　1947年在美国波士顿一个医院，一位年轻产妇因子宫感染，中毒性休克，10天处于无尿和深度昏迷状态。三位年轻医生半夜从一位刚死亡者身上取下肾脏，与产妇手腕上的肱动脉和一支大静脉血管吻合。移植肾

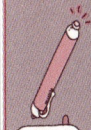

的输尿管很快喷出了尿液。第三天尿液减少，移植肾与输尿管开始肿胀。但病人病情大有改善，医生决定取下移植肾脏，2～3天病人恢复了自己排尿功能而得救了。这是人类历史上第一例肾移植。

1959年在美国波士顿与法国，分别对接受肾移植患者用全身放射线照射作为免疫抑制方法，再做肾移植获得成功。之后，肾移植在全世界遍地开花，至今已有近50万病人起死回生了。亚洲也以肾移植为最多。其中亲属供肾1年存活率为92%～96%,5年存活率为72.6%～81%；尸体供肾5年存活率为59.5%；存活时间最长者已达25年。

肾移植成功是抗排异，为外来肾创造个立足生根的环境。排异主要是移植体的抗原与受者的免疫活性细胞的对抗反应，直接引起移植肾的损害作用。为了控制或减轻排异反应，免疫学家也与其他器官移植一样，想了许多抗排异的方法。首先，应用各种组织配型方法，将组织抗原结构相接近的肾脏移植到病人身上。像输血那样，同种血型可供移植，O型人可供其他不同血型的肾脏。AB型人可接受任何血型的肾脏。亲属间的存活率比尸体供肾的存活率明显增高。其次，肾移植术后应用硫唑嘌呤、强地松、抗淋巴细胞球蛋白、环孢素A等免疫抑制药物来抑制受者的免疫反应，使移植肾在新主人身上能立足生根、安家落户。

随着科技事业的飞速发展，科学家能充分掌握每个国家待移植病人的白细胞抗原结构，并将其储存在电脑里，有供肾时立即能找到最合适的受者，即使是相距遥远也能保证72小时内用保藏器速送手术。尤其是将法定以"大脑死亡"为标准，供肾来源充足了，肾移植完全可以随心所欲。将来，人工肾器官培育成功，肾移植更是个普通的医疗技术了。

"修理"颈动脉严防脑梗

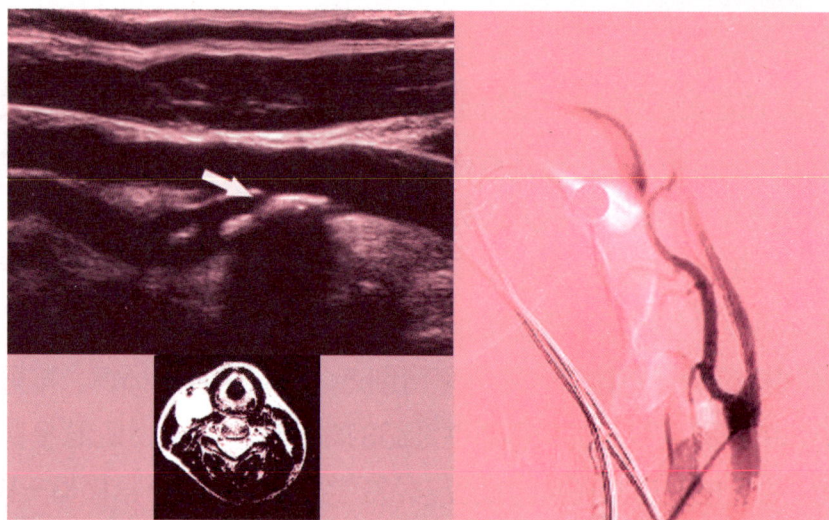

在人类死亡的疾病谱上，中风仅次于冠心病和肿瘤居第三位。目前该病在我国的发病率约为2‰，其中75％以上发生于65岁以上的老年人，约1/4的患者在发病后1年内死亡，而幸存者中有半数生活不能自理，许多致残病人挣扎在痛苦之中。预防中风，例如不吸烟、控制高血压和糖尿病、少吃动物内脏等高胆固醇饮食有着重要作用。而"颈部血管开刀防中风"这一积极治疗对策，欧美等地已将其作为预防中风的常规手术开展了20年，并使其人口的中风发病率明显下降。

中风包括脑缺血性病变和脑出血性病变两大类，其中大脑缺血导致的缺血性中风，即脑梗占80％，其余20％的中风是高血压、颅内动脉瘤破裂等颅内出血引起的。脑梗的主要原因是大脑的动脉狭窄或闭塞，供应大脑的动脉有一对颈内动脉和一对椎动脉。大量的统计资料表明，80％

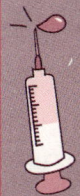

的脑梗患者血管狭窄或闭塞的部位在颅外的颈内动脉及椎动脉。常见的原因有颈内动脉粥样硬化狭窄、椎动脉狭窄扭曲、颈动脉瘤、多发性大动脉炎及锁骨下动脉缺血综合征等。对于因颈内动脉、椎动脉狭窄闭塞导致的脑梗，如果在发病前通过手术纠正，恢复大脑的正常血流则可避免中风。

发现患者的中风前兆是至关重要的。颈动脉狭窄早期，部分患者只是在冠状动脉照影或颈部血管多普勒超声检查时偶然发现狭窄病变，听诊可于颈部闻及血管杂音。缺血加重后，患者会出现脑短暂缺血性发作，如缺血发生在颈动脉系统，则表现为突发的肢体无力或瘫痪、感觉障碍、失语、单眼短暂失明，一般没有意识障碍。如果缺血发生于颈动脉系统，则表现为眩晕、复视、步态不稳，有时出现耳鸣、听力障碍、吞咽困难等。无论缺血部位在何处，一般症状持续时间短暂，只几分钟到几小时，且不留后遗症，但同样的发作可反复出现，甚至一天几次。这就是我们平时所说的"小中风"。如果这种现象持续时间超过 24 小时，在医学上称为"可逆缺血性神经功能障碍"，最严重的缺血则导致完全性卒中，即脑梗。此时患者脑组织中出现明显梗死灶，神经功能障碍长期不能恢复，最终致残或致死。

目前，国内外已广泛开展了颈动脉内膜切除术，其手术成功率达 95% 以上。此手术是将狭窄部位的血栓、粥样硬化斑块及破坏的动脉内膜一起切除，使狭窄的动脉管腔恢复至正常的口径。近年来，随着微创腔内血管外科技术的发展，采用腔内气囊动脉扩张成形术加腔内血管支架或腔内人工血管治疗颈动脉狭窄已经取得突破。颈部动脉的各种重建手术并不复杂，只要做好术中脑缺血的预防，都是比较安全的。

ok

白血病患者的生命曙光

白血病俗称血癌，是肿瘤细胞恶性增殖影响正常造血功能和免疫功能的一种恶性癌症。据报道，全世界每年白血病发病人数达30余万人，我国每年有3万～4万人新患上白血病，且青壮年占80％以上，其中大部分人被无情的病魔夺去了生命。

近年来，经过广大医务工作者的不懈努力，白血病的治疗取得了突飞猛进的发展，无论是化学药物治疗，还是骨髓移植等，都收到了显著的效果。这里向大家介绍几种新的白血病治疗方法。

自体骨髓移植：医生先抽出患者体内的骨髓进行处理，而后对患者进行全身大剂量放、化疗，杀死体内的癌细胞，再将取出的骨髓回输到患者体内，并不断繁殖增生。此时，患者入住"一尘不染"的无菌舱，实行全环境保护和特殊护理，经过4～6周，患者的骨髓、血象可逐渐恢复。

异基因骨髓移植：是将别人的骨髓输注到患者体内，这里涉及到人类主要组织相容性抗原（HLA）的配型问题。移植时须将受者的病态骨髓通过大剂量放化疗全部摧毁，再将HLA配型组合的健康供者骨髓输注给受者，并使之在受者体内获得再生，重建受者的造血及免疫功能。

外周血干细胞移植：20世纪90年代国内外开始采用外周血干细胞移植替代骨髓移植，并获得了成功。该法只需从供者体内分离出约100毫升含有造血干细胞的血液，然后再输注到患者体内就可以了，相对抽取骨髓的做法，患者白细胞生长快，并能抑制以往骨髓移植后患者各种感染的并发症。这一技术已成为目前国内外普遍采用的首选方法。

HLA半相合移植：目前骨髓移植有三种方法，一是由同卵双胞胎供髓的"同基因骨髓移植"；二是"自体骨髓移植"；三是"异基因骨髓移植"。从适应症和疗效两方面权衡，都首推异体移植。然而要命的是，异体移植要求选择与患者HLA完全相合的供髓者，即便是同胞兄弟姐妹也只有四分之一的希望，在非亲属中寻找的概率是三十万分之一，真正是大海捞针。由于受配型和经济条件的双重限制，能够进行移植并获得生机的患者不过1％。

磁化细胞分离技术：磁化分离技术就是将病人的外周血按照优劣进行筛选，剔除其中的肿瘤细胞和杂物，经过临床磁化细胞分选系统得到高度纯化的干细胞，这样再回输给病人，就会最大限度地减少病情复发。

如今，治疗白血病不再是过去单一的骨髓移植，而是根据病人的自身情况，采取多种方法医治。随着白血病不断被征服，广大白血病患者也会从中看到了生命的曙光。

ok

"植物人"也能苏醒

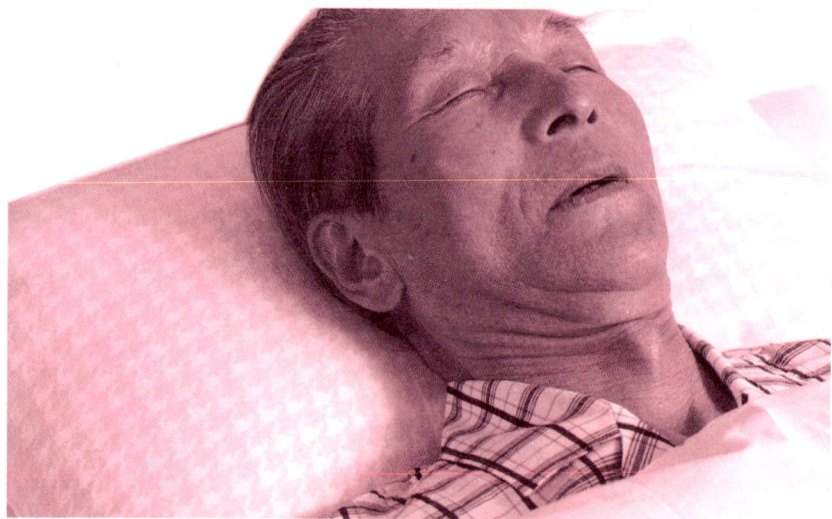

　　人非草木，孰能无情？言下之意，人与草木的根本区别，就在于人有情感，有趋利避祸、认物知理的能力。但是，在某些情况下，如脑外伤、溺水、脑出血、先天性脑积水等，可造成大脑损伤和意识障碍，使人处于一种类似"植物"的状态：茫茫然视若无睹，对环境毫无反应，完全丧失了对自身和周围的认知能力；虽然能吞咽食物、入睡和觉醒，但无黑夜和白天之分，不能随意移动肢体，大小便失禁，完全失去生活自理能力；无任何言语、意识、思维能力；能保留躯体生存的基本功能，如新陈代谢、生长发育，且呼吸、脉搏、血压、体温可以正常。医学界将此种状态称为"植物状态"，我国则更为形象地称之为"植物人"。

　　植物状态是一种特殊的浅昏迷状态。因病人能睁眼环视，貌似清醒，故又有"清醒昏迷"之称。临床上如脑外伤后持续昏迷一个月以上，即可

被诊断为"植物状态"。

按昏迷的时间长短，医学家又分为三种类型：

昏迷1～3个月称为短暂性植物状态；

昏迷3个月至数年，称为持续性植物状态；

长年累月地处于昏迷状态，称为永久性植物状态。昏迷时间的长短往往与脑损伤的轻重及损伤的范围密切相关，而且这些因素决定着病人的治疗效果。

过去认为"植物人"是不治之症，如今的医疗技术不断发展，采用药物、高压氧、特殊理疗、适当护理、防止感染、加强肢体功能训练，尤其是至亲至爱和语言、音乐等启发，对于前两种"植物人"是能够复苏的。而后一种"植物人"经过CT或磁共振检查，多为大脑广泛变性、坏死的病人，但是经过脑神经干细胞移植也会带来希望的。

目前，临床治疗"植物人"一般采用综合疗法，即在高压氧等基本治疗基础上分两步：第一步以催醒为主，应用药物溴隐亭、吡拉西坦（脑复康）和尼莫地平等来调节脑细胞多巴胺受体的紊乱，激活脑细胞的生理活性，经过2～3个月能起到开窍醒脑之功。第二步就是功能恢复阶段。从开始就要进行帮助功能锻炼，进入第二阶段就要作为重点，在停用上述药物同时，再采用疏通理气、活血化淤的中药，有目的进行语言、四肢活动等锻炼，对于轻度植物状态一个多月就能恢复清醒或生活自理状态。

最新科研资料报道，国内外应用脑神经干细胞培育增殖后移植收到了较好效果，这就为"植物人"的苏醒展现出美好的前景。

聋耳复聪的新佳音

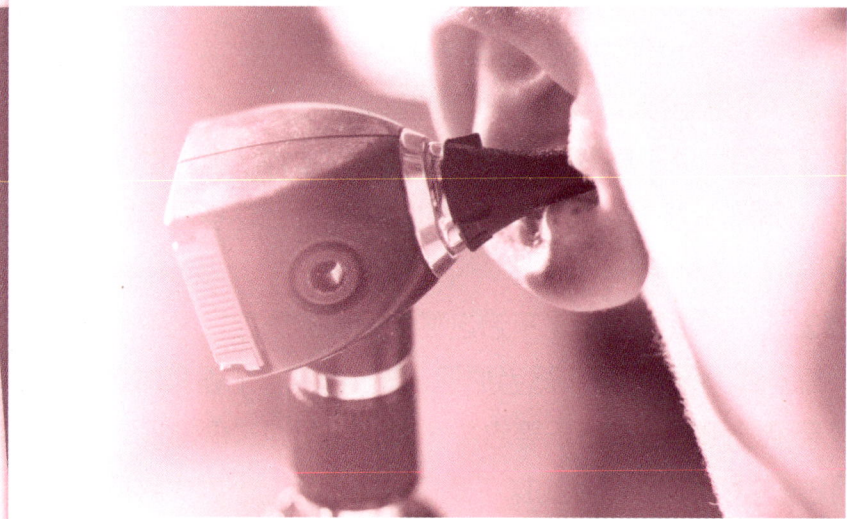

　　失聪之人为聋。聋人十有九哑。尤其是先天性或婴幼儿发病的耳聋，几乎都哑。聋哑人不能进行语言交流活动，真是苦不堪言！所以，社会上把他们列入残疾人的队伍。

　　在人体的正常状态下，耳分为外耳、中耳、内耳。外耳和中耳之间隔有鼓膜，中耳内有三块听小骨，它们的主要功能是传音。感音的装置则在内耳的耳蜗。耳蜗的构造比较复杂，它的基底膜及其上面的毛细胞能将声波的机械能转变为神经冲动，传到大脑半球外侧面的"听区"引起听觉。这中间的任何部位有病变时都能产生听力障碍。由外耳、中耳病变引起的听力障碍为传导性耳聋，如耵聍栓塞、耳咽管阻塞、急慢性中耳炎等均属此类。现在可以用助听器来弥补听力不足；由内耳的耳蜗毛细胞与听神经相连是一个声电换能器，能把传入的声波转变成电信号再传入大脑。

由听神经发生病变所引起的听力障碍为神经性耳聋，也称为感觉性耳聋，如脑炎和脑膜炎的后遗症、药物中毒、噪音损害等耳蜗螺旋器损坏耳聋；老年人因内耳退化所致耳聋为老年性耳聋。

科学家们非常关切聋哑人的困难，很早就研究人工助听装置。近年来中国医学科学院首都医院耳鼻喉科，在白求恩医大和北京无线电三厂的协作下，把人工耳蜗植入耳内已经基本成功。这一装置为老年性耳聋、药毒性耳聋和暴聋者展示出治疗的希望。随着技术的不断完善，人工耳蜗的构造会更精巧，功能会更提高，将为耳聋病人带来悦耳的福音。

人工耳蜗治疗感觉性耳聋，许多国家进行了大量的研究工作。法国曾研究出电子耳蜗，将微电极埋藏在耳蜗内，可以把处理后的电信号送到听神经纤维上，产生音感；生活中的声音很复杂，所以植入的电极数量越多，感受不同的频率变化就越灵敏、越准确，越能使聋人听懂语言等复杂的声音。目前，植入电极数从1根发展到20根。美国的一位全聋病人使用多电极人工耳蜗，能与家人在电话中进行简单的通话。这种声电换能刺激器放在体外，大小像烟盒、发夹之类。刺激器的电讯息传入内耳的方式分为插入式和线圈式两种。它们各自有各自的优点，其目的是提高技术效果，降低干扰或感染等副作用。

随着电子计算机技术的发展，人工耳蜗应用微处理机对输入信号进行分频、处理、编码和综合后，可以使聋哑人获得更好的分辨声音的能力。然而，造价昂贵不利于普及使用。将来改善成为部件微型化，应用性能强，成本下降时，聋哑人的福音就会变成佳音了。

看到光明的新时代

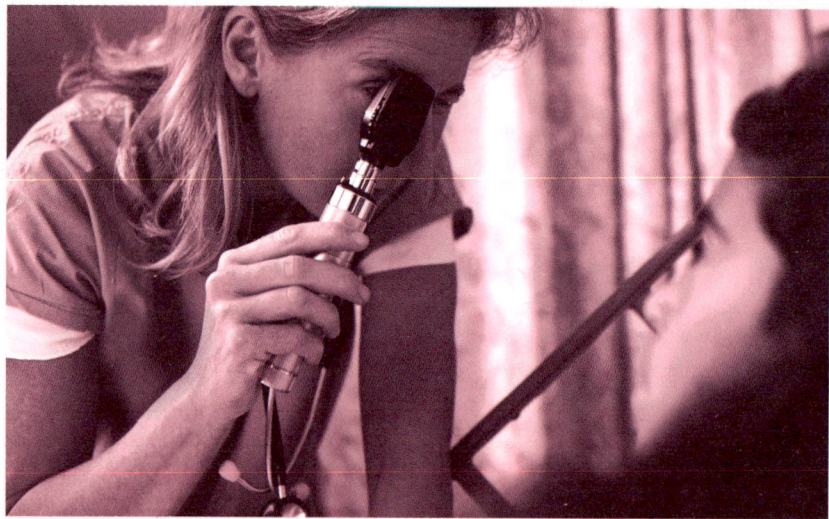

双目失明的盲人，整天生活在黑暗的世界里，那种艰难的境地是不难想象的。人类很早就在千方百计地寻找为盲人带来光明的工具，这天终于快到了。

1985年在一个医用电子技术展览会上，有位"复明"的盲人正在现身说法。他非常从容地走到挂图前面，用指示棒指着人眼结构图："我们的眼睛就像一架照相机，前面的眼珠好比是镜头，后面的视网膜好比是感光底片。当物体反射的光线透过镜头——眼珠，射过底片——视网膜上的时候，视网膜就能以光电脉冲的形式将视觉信号传给大脑视觉中枢，这时人就看到了物体。"接着，他又指了指自己的眼部，回忆说："我的双眼是在搞试验时，发生了意外事故中失明的，虽然眼珠被摘除了，但我的大脑视觉中枢仍然完好无损，只要能使我的大脑视觉中枢接受到光的信息，我

就可以双目复明。后来，眼科专家与电子技师们联手研究，给我安了一双'电子眼'。"说着，用手指着几乎遮盖了他半个脸的麦克式眼镜，让大家仔细观看。只见这副特殊的眼镜的两个框上装有两个微型摄像机和一个微处理器。

其实，全盲人的"复明"远没有他介绍的那么简单。例如，由微型处理器传出来的光电脉冲信息强度与视神经传导的匹配问题，还有微电极细丝用什么原料材质合适，与视神经是如何衔接的？这些难题还有待于进一步研究解决。这也就是直到现在没能普及开来的主要原因。我们相信，在电子技术高度发达的时候，这些难题也会迎刃而解。

还有许许多多因为种种原因使眼球损伤而造成的双目失明的盲人，如先天性眼病、白内障、青光眼等，只要眼睛没完全丧失光感，经过手术还可以恢复光明的眼病，就可以通过手术置换人工晶体，最终拨开迷雾见到晴天。

近年来，随着眼科显微手术的普及和高质量人工晶体问世，白内障手术获得了突破性的进展，出现了现代白内障囊外摘除术加人工晶体植入术。这种手术方法安全、并发症少，使无晶体眼得到合理的屈光矫正。术后可迅速恢复视力，建立双眼单视和立体视觉。目前，这种手术已成为发达国家治疗白内障的首先术式。我国近年来已普及开展起来了。

现代白内障囊外摘除术，是适应人工晶体植入技术发展起来的。尽管各家手术方法有别，但必须在手术显微镜下，应用显微手术器械，还必须有同步注吸系统及高质量的针和缝线。这样才能提高手术成功率。手术的成功对于视力的恢复大有益处。

随着高科技的发展，眼科的医疗水平也在提高，尤其是一些先天性眼病的早期治疗更取得新的进展，盲人告别黑暗的新时代即将到来。

ok

音乐疗法的新发展

　　音乐疗法是一种古老的治疗方法，古人早已把音乐和健康联系在一起，利用音乐改善人的身心功能。随着现代医学的发展及人们对健康定义的重新认识，音乐在现代医学中显示出来越来越重要的作用。据德、意等国家调查发现，经常听音乐的人寿命长5～10年。1950年美国成立了"国际音乐治疗学会"。到目前为止，世界上已有40多个国家建立了音乐治疗组织和机构。

　　音乐是一种特殊的语言，而且是与人类心灵距离最近的语言。就音乐本身的性质来说，对于人类情感的宣叙和感知，均可以用音乐直接从心灵深处发出。有人把音乐比作现实与梦幻（心灵活动）之间的桥梁。也就是说，它可以将人类心灵深处曲折微妙的复杂情感，以最接近原面貌的方式宣泄出来，使人闻声心动，产生影响强烈的情感共鸣。在这一精神活动

中，人类便完成了心灵的净化。

音乐对人体智力的开发。音乐是开发右脑的重要途径。右脑是非语言脑，它负责处理音乐的信息和绘画。在大局上把握事物是右脑的功能，它产生形象思维，并负责记忆。日本医学教授品川嘉野发现，轻音乐，特别是古典音乐有助于刺激右脑，有利于智力开发。孕妇常听悦耳的音乐可促进胎儿的健康发育。研究人员发现，受到音乐熏陶的儿童在学习和交往方面比其他儿童进步快。保加利亚的拉扎诺夫研究用音乐来提高人的记忆力，发现音乐使学习能力有很大的提高，从而创造了超级学习法。说明音乐对扩展认识，发挥大脑的潜力具有不可估量的作用。

音乐在身心医学中的应用。现代医学证实，许多疾病的发生不但与生理因素有关，而且也与心理、社会、环境等因素密切相关。健康不但需要有一个健康的躯体，还要有一个健全的心灵。作为心理治疗方法之一的音乐治疗，是一种十分有效的保健治疗手段。音乐治疗许多身心疾病都有效，如高血压、冠心病、胃溃疡、过敏性结肠炎、神经衰弱症等。音乐治疗还广泛用于精神病、儿童自闭症的治疗，效果较为明显。通过音乐对儿童的影响，建立心灵深处的联系，帮助儿童克服不良行为和减轻情绪的紧张起着良好的作用。

音乐在康复医学中的应用。现代医学认为，疾病不但能造成器官损害，还会引起心理上的障碍。音乐能影响人的情绪，对人的整体功能恢复起着十分重要的作用。音乐能帮助患有精神残疾的病人获得基本概念，根据不同病人的需要，可采用听、唱、跳、拍、弹奏等方式进行治疗。音乐能使残疾人认知功能和社会功能重新发展完善，歌曲的重复或拍手游戏以其简单的可预知性给残疾人一种安全感、顺序感。音乐治疗正在康复医学中发挥越来越重要的作用。

ok

人工培养眼角膜

　　人们平时所说的黑眼珠，就是眼珠前方透明无色的角膜。角膜后是虹膜，黑眼珠的周围是角膜的边缘。角膜溃疡可以发生在任何年龄，但一般成年人比儿童多见，且多为营养不良和卫生条件较差的人。常见原因有：感染，多见外伤未及时治疗，或患有泪囊炎等病症，像单纯性疱疹、天花等常引起角膜炎；结膜病的蔓延久治不愈，造成角膜溃疡；过敏，泡性角膜炎、硬化性角膜炎和深层角膜炎都与过敏有关系；营养障碍，老年边缘性角膜溃疡、神经麻痹性角膜炎和粥样化角膜溃疡均与营养障碍有关。就是这些角膜溃疡引起角膜穿孔，使虹膜脱出，纤维组织与角膜粘连，形成粘连性白斑。尽管角膜溃疡的治疗方法很多，但是也有许多是难以治愈的。若病变面积较大，再并发继发性青光眼，容易造成失明。失明后的治疗就更难了，首要的方法是角膜移植。近些年来，角膜移植手术比较普及了。可是，角膜来源也是个难题。有大部分病人得不到供体，难以及时治疗。

角膜移植为角膜病引起的双目失明病人带来了光明。进入 21 世纪，这项技术已经普及了。然而，移植角膜供体来源十分困难。我国的传统观念深重，许多逝去病人顾及"全尸"而拒绝捐赠。甚至于有的医生为了救治病人不告而用。由此而引起的民事纠纷也不少见。可见，角膜的供给是何等重要。医学临床上，某些角膜损伤，如烧伤、化学损伤、放射线损伤、肿瘤或某些罕见的疾病都可能导致角膜干细胞受损，这意味着眼睛丧失自我修复能力，造成病人视力低下，甚至失明。而传统的角膜移植术不仅是依赖于捐献者，其方法技术也非常复杂，还往往难以保证有足够的角膜细胞来补充受损部分。

多年来，科学家在千方百计研究，寻找新的眼角膜的代用品，始终难以如愿以偿。这件难题一直困扰着眼科角膜移植术的发展。

现在，人类已经能够在实验室中成功地培养出角膜组织，并且移植到人的眼睛中获得了成功，为全世界因角膜病而失明的病人，带来了特大喜讯！

美国加利福尼亚大学先后为14名因角膜病使视力严重受损的患者植入这种人工培养角膜，其中有10人视力已经恢复正常或有所提高。

科学家应用最新组织工程学技术，利用取自患者或志愿捐献者的一小块角膜组织，在实验室中应用特制的组织培养液，在适宜的温度、湿度调控下，将其培养成为较厚的细胞层，待细胞层成型稳定后，即可用于角膜移植。当角膜干细胞在受伤角膜上分化成熟为成人角膜细胞时，病人的视力就能得到恢复或提高，而且，视力改善的标是使疾病稳定，视力提高，并且不复发。

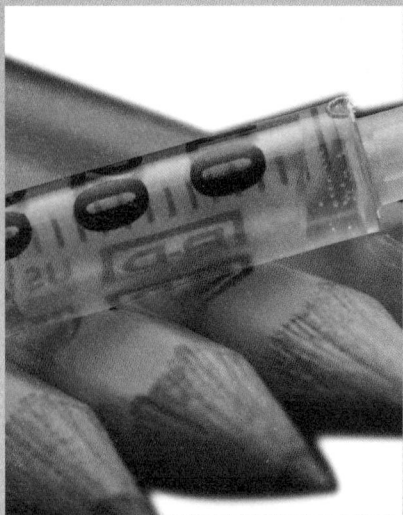

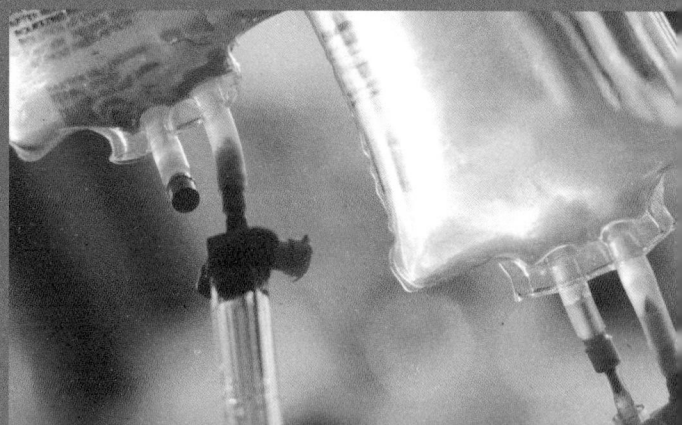

第四章　预防为主防患于未然

预防医学是近百年发展起来的医学中一个分科，也称为第二医学。顾名思义是对于疾病要先做到防患于未然。也就是说，当人体健康在处于第三状态，即亚健康状态时就要开始预防。这种预防是多方面的、多种方式的、多个层次的。可以预防注射，可以预防投药，可以服用适当的保健品，也可以增加相对应的体育锻炼，还可以做相适应的健身操。如果与心理障碍有关，还要通过适当途径进行疏导。

预防为主是人类用生命换来的教训。提起鼠疫，现代人们觉得挺陌生的。可是，14世纪时，鼠疫被称为"黑死病"，也叫做"黑色妖魔"。1347年10月在欧洲大流行，当时欧洲8000万人口，竟被鼠疫夺去了2500万人的生命。有的国家被夺去一半人口的生命。结核病是一种由结核杆菌导致的严重传染病，18世纪在欧洲造成上千万人死亡。19世纪和20世纪初，我国的结核病流行也十分猖獗，每年患病人数高达1500万～2000万人，每年死亡人数达800万～1000万人。

建国以来，我国各级政府成立了卫生防疫站，制定了全方位的防疫计划，尤其对于传染病的防治，提到了重中之重。儿童的计划免疫在普及基础上得到了充分的提高。就拿预防接种来说吧，20世纪60～70年代是医务人员上门找都遭到拒绝。如今是听到信时蜂拥而至，花多少钱都舍得。市场上生产的各种疫苗、菌苗、抗毒素、免疫球蛋白40余种。医务人员从儿童出生就开始按计划接种，还经常主动深入到居民中做预防注射。经过半个世纪的艰苦努力，近些年来各种传染病的发病急剧下降，有的传染病像鼠疫、天花、霍乱、白喉、麻疹、结核病、麻风病等几乎被消灭或极少发病的。这些就是20世纪医学领域里预防工作的卓越成就。

21世纪被科学家们定为"人类的健康世纪"。并且说，人类光有健康还不够，还要有快乐，快乐才是人生的最高境界，只有快乐才能提高生命的质量。经过科学家的预测，21世纪的主要疾病有：生活方式疾病、心理障碍疾病、性传播疾病等。当今的青少年将是21世纪的主人，应该唤醒大家的预防意识，积极投入到预防为主的行列中来。从儿童开始预防高血压，从小预防肥胖和糖尿病，从小防癌以免后患，从小懂得性传播疾病知识，从小锻炼心理平衡。21世纪的心理障碍疾病是给人们造成苦恼的重要方面。要不断增加心理学知识，学会调整自己的心境，逐渐适应社会环境，提高自己的生命力。

21世纪危害人类的疾病

人类社会在不断进步，科学技术在不断提高，人类疾病也在发生变化。14世纪的时候，鼠疫成了"黑色妖魔"，当时欧洲只有8000万人口，因患鼠疫就夺去了2500万人的生命；19世纪时，霍乱、白喉、麻疹、结核病、麻风病等都在疯狂地吞噬着人类的生命；20世纪的伟大功绩就是人类战胜了传染病，使人类的平均寿命由19世纪末的40多岁，上升到20世纪末的70多岁。

那么，21世纪人类的主要疾病有哪些呢？科学家早有预测，生活方式疾病、心理障碍疾病、性传播疾病等。为唤起大家的防病意识，有必要将这些疾病的未来发展趋势及防治对策介绍一下。

生活方式疾病。所谓生活方式疾病就是由不良的饮食习惯、体力活动过少、吸烟、酗酒、情绪紧张等不科学的生活方式而造成的疾病，如糖尿病、高血压、心脑血管病、恶性肿瘤等。

世界卫生组织前总干事长中岛宏告诫人们："大约在2015年，生活方式疾病将成为世界头号杀手。"这并非危言耸听。我国糖尿病患病率逐年迅速上升，其并发症越来越多；全国每年死于心脏血管病的人数不少于200万人；肥胖者在增多，占人群的10%以上；在未来的20年内，将面临着烟害疾病，如肺癌、喉癌、胰腺癌、冠心病、肺心病等巨大挑战。中国人群肺癌死亡率每年以4.5%的速度上升。

心理障碍性疾病。世界卫生组织曾经提出这样一个黑色预言：21世纪将是心理障碍的时代。由于多种因素的综合作用，许多精神心理疾病将取代生理疾病，而成为危害人类健康的大敌。社会环境因素，如城市人口急剧增长，嘈杂的生活空间，拥挤的交通，快节奏的生活，极易使人产生高度紧张而出现心烦易怒、头痛失眠、全身乏力等症，甚至引起心理变态，这是来自生活的第一层次的威胁；社会的急剧变化，激烈的就业竞争，人际关系的复杂，婚姻关系不稳定等使人们心理严重失衡，容易引起精神疾病，这是社会环境第二层次对人的威胁；自我价值的实现困难，自己掌握不了个人权利或受不到公正待遇等，心理产生不满、对抗和沮丧情绪，甚至反常行为出现，这是第三层次的威胁。这些威胁容易诱发诸如精神恐惧症、精神过敏症、精神分裂症或躁狂症等。

性传播疾病。自20世纪80年代性病在我国死灰复燃，流行区域不断扩大，年发病率呈持续上升态势。淋病居首位（约占60%），其次是尖锐湿疣，再次是由衣原体或支原体引起的非淋菌性尿道炎。梅毒这两年开始抬头。艾滋病感染者增加近10倍，是极危险的信号。

综上所述，21世纪的疾病防治任务还非常艰巨。尤其是当代的青少年，从小要养成良好的生活习惯，注意维护自己的健康，让疾病远离自己。

ok

远离伤害 尊重生命

　　前不久,内蒙古一名中学生因被老师批评几句在家中自尽身亡。近几年来,有关中小学生自杀、自残、受害于校园的暴力事件屡见于大众传媒。面对这些过早凋零的"花朵",心理学家们大声呼吁:要教会孩子们尊重生命!

　　天宇间万物之中,生命是最为宝贵的东西。人类生命进化约有100多万年了,51万年前的新人时期能活到14岁仅占15%,活到40～50岁的占5%;5000年前的古希腊人均寿命为22岁;18世纪人均寿命为30岁;19世纪末上升到40岁;20世纪80年代人均寿命达到70岁。可见,赢得生命今天的寿限是多么珍贵,保护生命格外重要。

　　"远离伤害"是由中国儿童青少年基金会发起实施的"安康计划"的一项重要内容。有关专家在"安康计划"的一次会上对培养青少年健康心

理素质及遏制校园暴力等表示高度关注。

在一次调查中得知，仅有5％的家长赞同"孩子有健康的身体、良好的情绪比学习成绩重要"，71％的教师担心"提倡不追求高分会降低学生的学习积极性"。可是，追求分数能在青少年心理造成怎样的影响呢？例如，某个重点中学有位学生每次考试前都给自己定下了一个目标，并且不止一次对别人说，如果达不到就自杀。大家都以为是开玩笑，直到那天他因为数学考试比原定目标少了2分而吞服了大量的安眠药，面对抢救室里的孩子，家长悲痛欲绝，怎么也不理解掌上明珠为什么如此轻视生命。这也引起了许多的心理学家深深的思考，学术界一致认为，对未成年人生命尊严的培养是极其重要的。要不断地向青少年灌输"生命高于死亡"的理念，培养孩子平衡心态。只有在平衡、冷静的心态中，才能有现实的、正确的思想，才有能力维护生命的尊严。

尊重生命包含着三个方面：既要尊重自己的生命，还要不去践踏别人的生命，同时又要具有对危害生命力量的反抗意识。重庆市的一项调查表明，10.5％的在校学生遭遇过校园暴力，而32.3％的施暴者是11～14岁的少年。校园暴力与日俱增的主要原因是学校教育的误区，就是只注重学习成绩，而忽略了学生品德培养和人格的形成。

心理学家经过十多年研究，提出了中小学生的心理健康标准，那就是：了解自我、信任自我、悦纳自我、控制自我、调适自我、完善自我、发展自我、设计自我、满足自我。这些标准无一不体现了对生命的尊重，心理素质的提高。

ok

"老年病" 袭向青少年

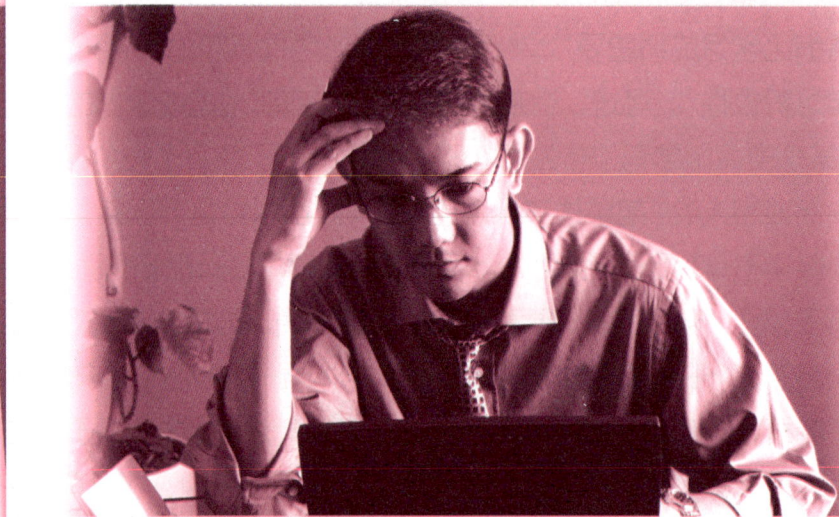

　　以往人们普遍认为，人只有进入老年时期，随着机体功能的衰退，才可能患上肿瘤、糖尿病、冠心病、高血压等所谓的"老年病"。然而，据有关资料介绍，近年来这些病的发病年龄不断提前。北京市肺癌的死亡年龄提前了5～10岁，而上海市男性肿瘤发病率40岁以下的占到8%，其他地区青年人各类疾病的发病率均有上升趋势。"老年病"向青少年袭击是没有争议的现实，在21世纪初已向人类敲响了警钟。

　　"老年病"向青少年袭来有以下几种原因。

　　超负荷运转透支生命。现代许多青少年的学习紧张、生活压力很大，如同上满发条的时钟，日复一日不停地运转奔驰，有时濒临考试，要鏖战到深夜，睡眠严重不足。在这种状况下，打乱了机体各系统的正常状态，免疫系统的自我修复功能逐渐被削弱，只要稍有"风吹草动"就会酿病，有的还重而难治。

无规律无节制的生活习惯。国家卫生部门公布，糖尿病低龄化近年来日益明显。糖尿病平均发病年龄提前了10年。青少年常见的Ⅰ型糖尿病的发病率明显增高，糖尿病的各种并发症，如代谢紊乱、微血管病变、神经病变、肾功能不全、眼底病变、心脑血管病等都明显地过早出现。糖尿病患者除遗传因素外，主要与生活方式有关。

大腹便便肥胖的富态病。如今青少年肥胖者多见，据不完全调查统计，肥胖超标者占青少年的10%。青年中的冠心病发病率明显上升。沿海地区冠心病患病率接近10%，与高脂肪、低纤维的摄入和吸烟、饮酒有关，也可能与多食海洋软体动物等密不可分。由于胆固醇摄入量较高，动脉硬化较早，所以不少青年人也有发病。

没被重视的青少年高血压的潜在危险。据有关资料介绍，目前因高血压诱发心肌梗塞导致死亡者最低年龄为28岁。高血压的病因很多，除了遗传因素外，还与环境因素、生活方式密切相关。人在紧张、激动、恐惧、愤怒的时候，容易引起心慌和血压升高。青少年学习压力大，竞争激烈，加上社会人际复杂，矛盾重重，困难多多，容易使心理处于郁闷或焦虑之中，使血压升高，高血压又是动脉硬化的前奏。

还有，青少年的脂肪肝已不少见了。脂肪肝与肥胖、大量高脂肪食品、酗酒等均有直接关系。加上青少年懒惰较多，不爱运动，造成脂肪积累，体重超标，加重了心肺负担。再出现骨质增生、腰酸腿痛的，久而久之便变得未老先衰了！

计划免疫与世界接轨

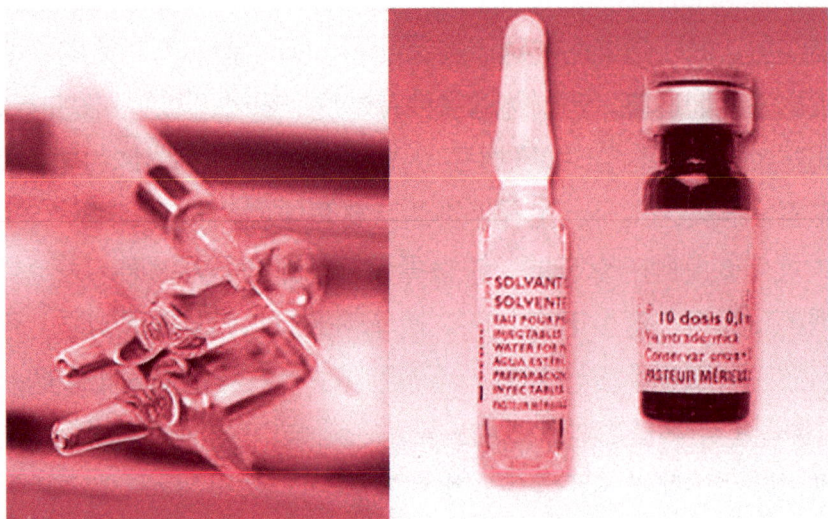

计划免疫是根据疫情监测以及免疫状况的分析，按照规定的免疫程序有计划地利用生物制品进行预防接种，以期提高人群的免疫水平，达到控制以至最后消灭相应传染病的目的。目前，纳入计划免疫程序的主要有卡介苗、脊髓灰质炎疫苗、百白破三联制剂、麻疹疫苗。

卡介苗是经过多次传代已失去毒性和致病性，但仍保留抗原性的牛型结核菌，接种后可获得一定的对抗结核菌的免疫力。脊髓灰质炎疫苗有两种制剂，即口服用沙宾疫苗和注射用沙克疫苗，这两种疫苗对预防脊髓灰质炎效果都很好，但亦各有利弊。口服者是减毒活疫苗，它从粪便排出，接触者亦可以得到免疫，却有三百万至九百万分之一的人会出现麻痹。注射者是非活性疫苗，不会引起麻痹。我国为扩大免疫，选用口服糖丸法。百白破三联制剂是由百日咳菌苗、白喉类毒素、破伤风类毒素三种

制剂混合而成，接种后可预防百日咳、白喉、破伤风。麻疹疫苗是减毒活疫苗，接种后可预防麻疹。它们的作用是显而易见的，那么，这么多的疫苗进入孩子体内，会不会减弱孩子的免疫系统功能？什么样的方案才能达到最佳效果呢？

据美国费城儿童总医院的专家们在《儿科学》上发表的一份综合报告报道，婴儿从一出生就具有对细菌、病毒、疫苗的反应能力，婴儿体内的数以亿计的免疫细胞可以对数百万种微生物作出反应，少量的病毒、细菌等进入体内后，只会增加儿童抵抗力，不会减弱其免疫系统功能。

婴儿获得免疫力强弱与抗原量、抗原性质、次数、间隔、给药途径，以及年龄、联合用药等有关。经过大量科学试验，世界卫生组织推荐的免疫程序是：新生儿，卡介苗1次；3个月，百白破和糖丸，连续3次，每次间隔1个月；9个月，麻疹疫苗。由于国情不同，我国制定的接种程序是：新生儿，卡介苗第1针；2个月，糖丸第1次；3个月，糖丸第2次、百白破第1针；4个月，糖丸第3次，百白破第2针；5个月，百白破第3针；8个月，麻疹第1针；1岁半，百白破第4针；4岁，糖丸第4次；7岁，卡介苗第3次、麻疹第2次；12岁，卡介苗第3针。

除上述四种疫苗之外，乙肝疫苗也即将被纳入免疫程序。此外，还要季节性接种流脑疫苗、乙脑疫苗。

尽管接种疫苗可增加免疫力，但也不是越多越好。过多地注射疫苗有时反而会使免疫力降低，甚至无法产生免疫力。另外，各种疫苗含有的异性蛋白会引起过敏反应，且接触次数越多，越处在敏感状态，过敏反应发生几率越大。

为了儿童的健康成长，应严格遵守免疫程序，既不可多打、重打，也不可少打、漏打。这样，既达到了防病的目的，又可减少副作用的发生。

ok

围歼流感多变元凶

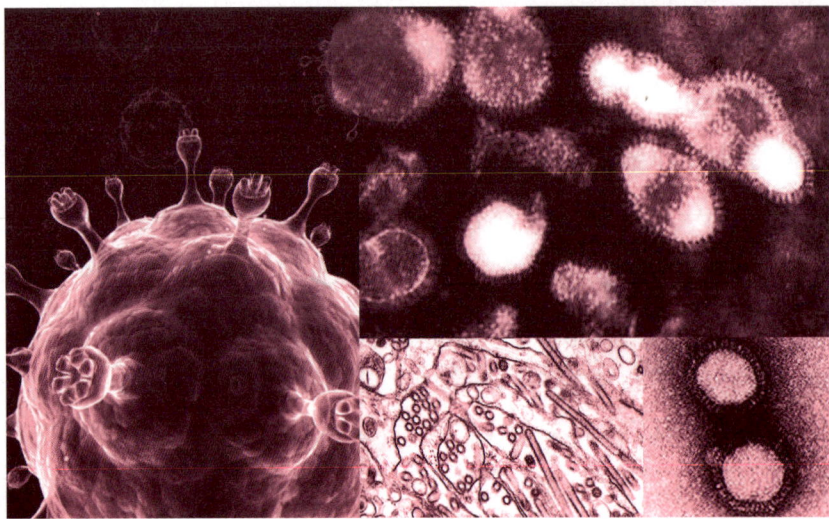

流行性感冒（简称流感）是流感病毒通过呼吸道传播的急性传染病。由于它不经常来到人世间兴风作浪，所以一般情况下不被人们重视。近年来，因媒体的宣传，艾滋病和埃博拉病毒给人们带来的恐惧感远远超过流感，使其更容易被忽略。

早在公元前412年，西方医学之父希波克拉底就第一次描述过流感。在流感被人类认识的数千年的时间里，每次流感大流行中都给人类造成全球性的灾难。为了防止流感的大爆发，世界卫生组织（WHO）早在1948年就设立了流感防治科研项目，流感也因此成为人类最早进行全球监控的传染病之一。

历史上著名的西班牙流感爆发于1918年第一次世界大战期间，这种致命病毒在欧洲出现，而后席卷了整个人类，并一连流行了3次，直到

1920年才结束，至少有2000万人死于这次瘟疫，这个数字远远高出战争死亡人数；1957年春天，流感再度在全世界大肆狂虐，十几天征服了所有亚洲各国，接着又在澳洲、美洲蔓延开了，最后侵吞了欧洲，感染发病全世界共有15亿患者，死亡达数百万计；1997年香港发生禽流感，由于病毒的变异，原本只影响鸡的病毒开始祸及人类。香港政府下令屠宰150万只鸡，这次受感染的人数18人，其中6人死亡。但是，这次流行给人类造成了极大的恐慌。流感的危害性还在于它的传播速度非常快。流感病毒通常通过患者打喷嚏时喷出的飞沫传播。流感患者一个喷嚏约含有100万个病毒，飞沫以167千米的时速，在1秒内喷射到6米以外的地方。由此可见，流感病毒散播的速度惊人。

流感的传播速度还取决于流感病毒超强的变异能力。流感病毒每年都会变异出新的病毒株，而人们对这些新的变异病毒毫无免疫力，极易感染，这就使流感得以在人群中快速传播，形成爆发态势。

为了攻克这个难题，全世界研究流感的科学家绞尽了脑汁，要研究出高效的高水平抗体，寻找出新的能对抗多种变异的免疫方法。许多科学家为下次全球性流感大流行进行多方监察和探索，我国的科学家将流感列为"十五计划"中的重点防治传染病，并加大宣传和教育力度，使公众重新认识流感，以正确的态度面对这千年顽疾。

日本在1962～1987年强制学龄儿童接种流感疫苗，结果因为肺炎和流感每年死亡人数减少3.7万～4.9万人。以后随着免疫接种活动停止，死亡率又开始上升。这说明，近年来研制的流感疫苗还是有效的。最近美国研究表明，流感疫苗在健康人群的免疫力可达70%～90%，接种流感疫苗能有效地减少住院死亡数。这说明，人类制服流感的日期将很快到来了。

ok

鲜为人知的短链脂肪酸

　　短链脂肪酸是指含碳2～4个的直链或支链脂肪酸，具体地讲就是乙酸、丙酸及丁酸，有时也把乳酸算在其中。人们长期以来一直忽略短链脂肪酸的生理重要性，近年对结肠功能的研究和结肠内发酵认识的深入，才认识到短链脂肪酸的意义。

　　短链脂肪酸的主要来源是食物中的多糖、寡糖或单糖，这些糖的特点是在胃和小肠内不能被消化为单糖，因此不被上部肠道吸收。这些难消化糖只有被输送到结肠中才可被具有一糖甙链酶的细菌分解，形成短链脂肪酸，才能被吸收利用。抗性淀粉和可消化的食物纤维是短链脂肪酸的主要来源，多吃蔬菜、粗粮的意义就在于它们有植物纤维，虽然在小肠不消化，但在结肠中可被消化、吸收，并产生有用物质，包括短链脂肪酸。

　　短链脂肪酸的功能首先是产生能量，草食动物的胃和前部小肠可消化草中植物纤维，消化产物就是短链脂肪酸，吸收入血，进入肝脏，可供全身80%~90%的能量。人类摄入植物纤维等要进入结肠才可产生短链脂肪酸，所以只能供给10%所需能量。

短链脂肪酸是肠道上皮的特殊营养因子，可维护全肠道上皮细胞的完整性和杯状细胞的分泌功能，并对黏膜免疫细胞有维护作用。短链脂肪酸中的丁酸对结肠黏膜的营养功能很受重视，丁酸主要在结肠吸收，而醋酸和丙酸要进入肝脏转成热能供全身所需。

丁酸对结肠和其他肠道平滑肌运动有明显影响，可以提高结肠、直肠平滑肌的动作电位，调节运动规律，使蠕动节奏和肌张力正常，促进粪便推动，治疗便秘及过激综合征。有研究证明，这对胃蠕动有促进作用，有助加速排空，减少胃胀。

丁酸还可修复直肠、结肠黏膜损伤，治疗溃疡性结肠炎。有人认为溃疡性结肠炎是结肠黏膜的丁酸代谢障碍疾病。丙酸有促进钙离子在结肠吸收的作用。

短链脂肪酸的重要治疗及营养作用已引起重视，它们主要在结肠产生，主要来源于粗粮和蔬菜，能分解它们起生理作用的是结肠中的益生菌。还有，短链脂肪酸组成胶原纤维的重要组成，是疏松结缔组织及肌腱的主要成分，也是骨、齿、软骨的结构基础。胶原占整体蛋白质总量的1/4~1/3，皮肤中干重的70%为胶原，这些胶原均以胶原纤维形式存在；另外，短链脂肪酸还可以调节血脂，降低胆固醇，改善血液动力状态，可预防中风、心梗等重病。可见，短链脂肪酸过去被人们忽略，如今应该引起重视了。

应该说，短链脂肪酸是人体增强免疫力的重要基础物质之一。人体应该从摄食中予以重视。

ok

青少年患癌症不可忽视

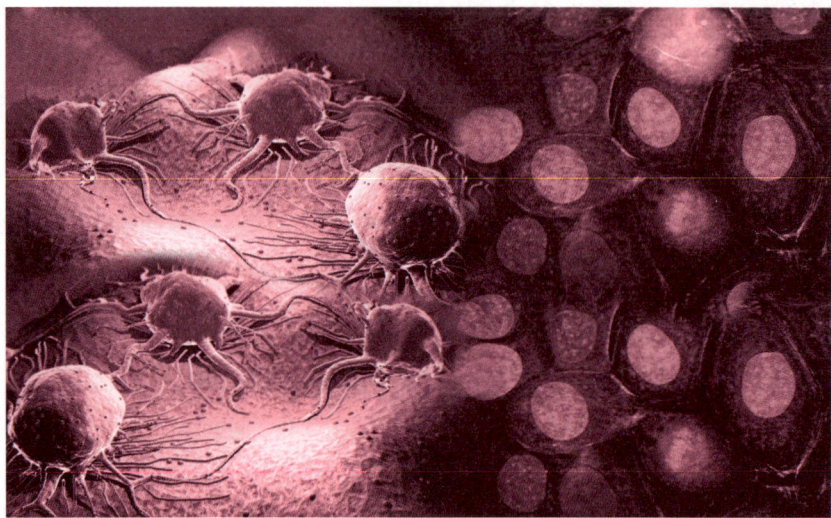

提起癌症，人们一般先想到成年人才会得的"绝症"。但是，在现实生活中，青少年恶性肿瘤的发病率正呈逐渐上升趋势。大量医学资料表明，青少年可患的肿瘤已知有50多种，其中最常见的恶性肿瘤包括白血病、脑部肿瘤、恶性淋巴瘤、神经细胞瘤、睾丸瘤、肝癌等，而白血病要占青少年恶性肿瘤的60％。

那么，青少年为什么也能患癌症呢?科学家们经过多年的研究，得出了比较明确的结果，其主要原因有:

遗传因素。在同样的居住环境、生活习惯下，为什么有的人容易患癌，有的人不易患癌？最新的研究成果解释了这一疑团，那就是遗传基因，也就是说，癌症的发生与遗传有关，遗传因素在青少年癌症的发生上发挥着很大作用。而且人类为数不多的几个纯粹的"遗传性肿瘤"恰恰是大多数青少年肿瘤，如视网膜母细胞瘤、肾母细胞瘤、多发性神经纤维瘤、嗜铬细胞瘤等。

环境污染。实验表明，许多致癌物质可以通过胎盘进入胎儿体内，影响脱氧核糖核酸（DNA）的形成，导致细胞发生变异，造成日后发生癌变。然而，随着环境污染越来越严重，引起人体在胎儿期就受到大量致癌物质的侵害，为日后可能发生癌症埋下隐患。国外研究证实，儿童白血病与环境污染密切相关。农药污染与癌症的关系也引起人们的关注。美国研究表明，住宅与花园内喷洒杀虫剂的家庭中，儿童白血病的发病人数比没喷洒的高3.8～6.5倍。我国的有关调查发现，农村中40%～50%的儿童白血病与农药有关。

放射性辐射。研究显示，妇女怀孕期间若腹部接触X线照射，则其子女日后发生白血病的可能性要增加近10倍。在核电站工作6个月以上男人的子女，与从事其他工作的男人的子女相比，白血病发病率高得多。

药物副作用。有些药物的毒副作用，使人体中毒，有的使人体发生变态反应，有的抑制免疫系统，损伤正常细胞，并影响功能造成突变，或引起暂时性或长期性遗传缺损，因而导致癌症。如，影响很大的是孕妇保胎药物乙烯雌酚，可致其子女阴道腺癌或儿子患睾丸癌；氯霉素和苯丁唑啉及一些抗癌药物可致儿童患白血病及淋巴瘤；一些抗癫痫药物可使儿童患恶性淋巴瘤等。

病毒感染。相关的病毒可引起恶性肿瘤。如与人体T淋巴细胞亲和的淋巴性病毒可导致白血病或恶性淋巴瘤；EB病毒可致伯基特氏淋巴瘤；乙肝病毒可致肝癌等。

被动吸烟。孕妇无论是本人吸烟还是被动吸烟，其子女日后发生白血病或其他肿瘤的可能性要增高50%以上。

ok

癌前病变并非都变癌

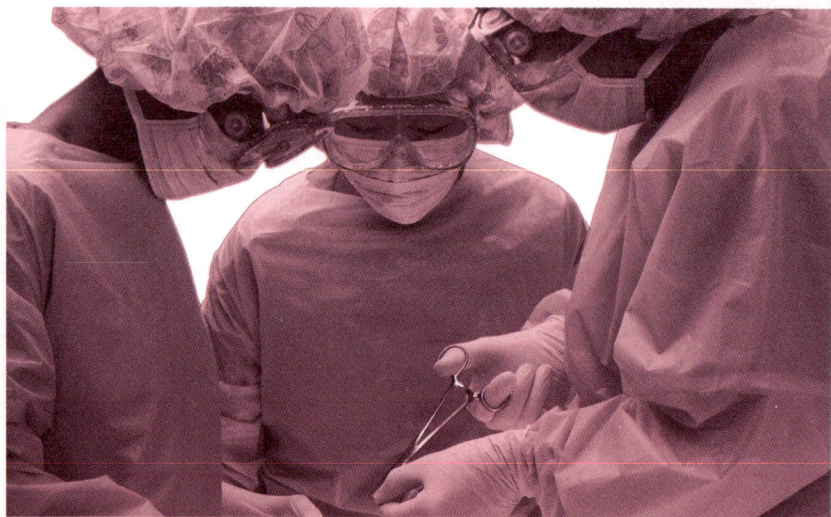

"谈癌色变"是20世纪癌症发病率显著上升留下的阴影。到目前为止，世界上每年有700多万人被癌魔吞噬生命。癌细胞几乎在人们身上都有，只不过青少年身上少些，或者癌变程度轻些；而中老年人身上多些，癌变程度重些。不管是什么癌症，细胞癌变有个过程。

当细胞开始癌变，还没有变成癌细胞时，称为癌前细胞。癌前细胞组成的病变称为癌前病变。癌前病变并非都会变成癌。

近20年来，由于纤维窥镜的普及和组织细胞活检技术的开展，癌症有了更确切的病理学诊断，更多的人想从预防的角度来了解癌症。就拿慢性萎缩性胃炎来说吧。随着纤维胃镜的广泛应用，其发现率越来越多，年龄特征趋于中老年人，这种胃病就是一种癌前病变。一般情况下能与病人"和平共处"，不发生癌变这种常见病是由于胃黏膜层不同程度的萎缩变薄。绝大多数患者经过合理、系统的治疗可以转化为浅表性胃炎或维持萎缩现状。据国内有人调查1610例萎缩性胃炎病人，随访3～8年资料统计，癌变率仅为1.18%。就是说绝大部分还是保持原状的。有的癌前细胞经过治疗还能发生逆转，变为正常细胞。

再拿胃黏膜肥厚来说吧。正常的胃黏膜厚度为0.7～0.8毫米，有时可达1毫米。如超过1毫米则称为黏膜肥厚。这也是一种胃病，一般分为两种：一种为表层上皮细胞增生所致的巨大胃黏膜肥厚症；另一种为胃底腺细胞增生引起的黏膜肥厚，常见于胃泌素瘤，也叫卓—艾综合征。前者可见于任何年龄，男性多于女性。主要症状为长期腹痛、食欲不振、恶心、呕吐、体重减轻，或形成溃疡而引起出血。据统计，约8%的卓—艾综合征患者可能演变为胃癌。绝大多数不发生癌变。

据临床观察，有些病人发现了癌前病变，忧心忡忡，提心吊胆的，为了"防患于未然"，甚至索性做了胃部分切除术。岂不知这种"防患于未然"可能变成"杀身大祸"。因为胃大部分切除后，引起一系列解剖、生理和代谢吸收方面的障碍，将出现很多的并发症。例如，倾倒综合征、餐后血糖过低征、残窦综合征、吻合口溃疡、胃切除后胆汁反流性胃炎、营养不良等等，甚至还发生残胃癌。残胃癌的发生率占全部胃癌发生率的0.4%～0.5%，发病率为1%。以胃手术至残胃癌发生的间隔时间平均为13～19年。可见，胃切除后，胃酸过低消化液反流，加速了残胃癌前的转化。所以，定期检查残胃变化非常必要。

癌前病变并不是癌，它与癌有本质的区别，任何癌前病变也查不出癌细胞。因此，不应将癌前病变与癌等同起来。但是，人们必须时刻警惕癌前病变，定期复查，有效治疗，适当地应用维生素A类会使癌前细胞逆转，能减少和防止癌症发生。

从小防癌免除后患

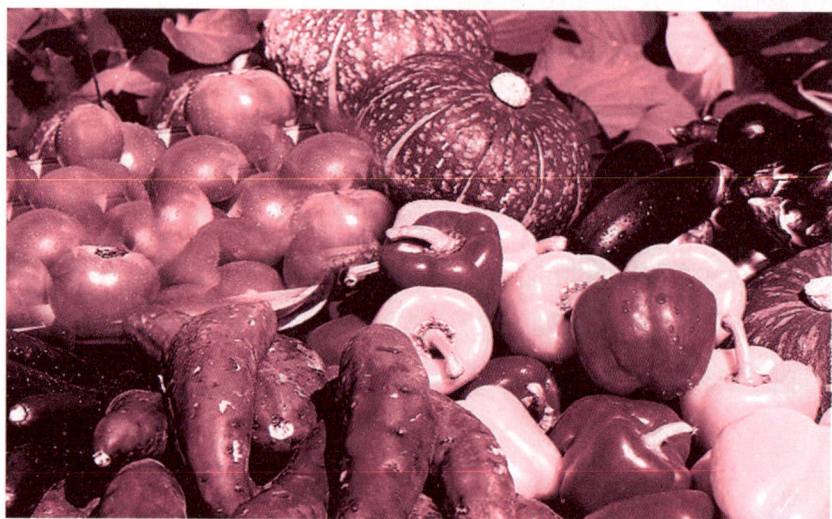

　　癌症，对于人类的威胁太大了。在20世纪末叶被列入人类死亡的第二位疾病。我国有癌症病人约180万人，每年新患癌人数约120万人，每年死于癌症约90万，居35～54岁壮年期人口死因的首位。

　　癌症是怎样发生的呢？也就是癌症的病因有哪些？经过科学家100多年的追查，终于有了头序：一是化学因素，就是很多化学物质致癌；二是物理因素，各种射线、紫外线；三是生物因素，病毒、霉菌、毒素等。尽管外因不同，但似乎又能必然打中细胞内的同一个"靶"，激起细胞变异，引起同样的结果就是细胞恶变，破坏或改变了细胞核内基因的结构，使核苷酸顺序变了，核糖核酸 mRNA 传递信息改变，最后"盲目生产"变成了癌病变。科学观察证明，致癌因素进入人体，不是立即出现细胞癌变的，其潜伏期要在20～30年。这就是说，许多致癌因素都是在青少年时代进入人体的，要经过20～30年的癌变与反癌变的斗争过程，最后因为细胞的免疫功能低下而失败，使一个癌前细胞变成了一个癌细胞。

只要从青少年时期开始注意防癌，严防致癌物质进入体内，改变不良生活习惯，就能做到防"癌"于未然。具体做到以下五个方面：

增加户外体育锻炼。生命在于运动，经常锻炼增加机体供氧量，促进血液循环，增强身体素质，有良好的防癌效应。

保持良好的情绪。"怒甚偏伤气，思多太损伤"，尤其是避免和减少各种情绪刺激活动，防止情绪波动，保持乐观向上的情绪是防癌的重要心理基础。

养成良好的生活习惯，尤其不吸烟、少饮酒、多饮水。吸烟对人体健康是"百害而无一利"。烟燃烧可以产生3700多种化学物质，其中700～900种化学物质对人体有毒或有致癌作用。某些消化系统癌症与饮酒有关。而多饮水能减少一半膀胱癌的发生。据观测，不饮水的人比平均每天饮水2.5升的人患膀胱癌增加5倍。

食物防癌。多吃补药可防癌，补药主要指人参、蜂乳、龙眼、黄芪、枸杞等。抗癌食品如红薯、芦笋、花椰菜、卷心菜、芹菜、西兰花、胡萝卜、苋菜、西红柿、大葱、大蒜、青瓜、白菜等，熟红薯的抑癌率（98.7%）略高于生红薯（94.4%）。

勿食霉变、腌制、薰烤、油炸等食品。霉变食品的霉菌毒素有致癌作用，如引起肝癌的是黄曲霉毒素或病毒。腌制食物中的亚硝胺，薰烤油炸食品中的多环芳香烃、芳香胺类物质都是致癌物质。

从小防癌意识要迅速建立起来，注意自己的生活方式和饮食卫生，是保证一生健康的基础。

生物致癌的 I 级物质

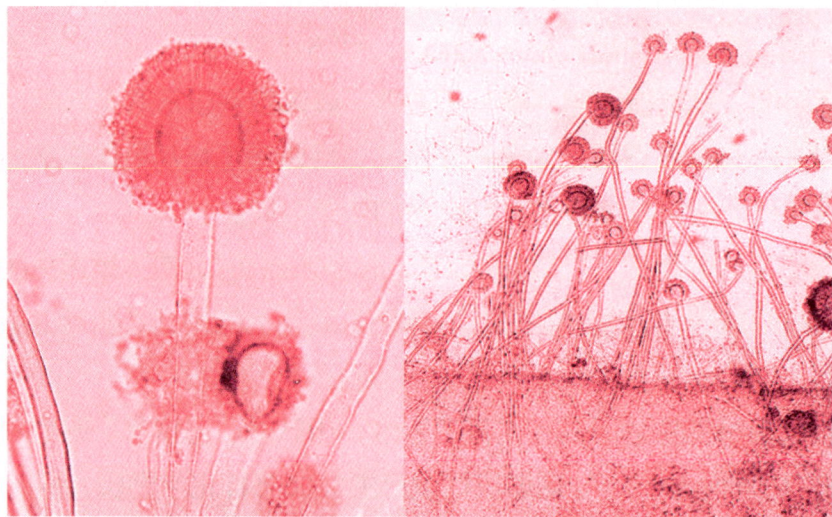

　　食源性疾病的病因分为化学性和生物性两大类。生物性致病因素又包括细菌、真菌、病毒、寄生虫等。其中真菌及其毒素对食品的污染是重要的生物污染因素之一，而黄曲霉毒素对人和畜类肝脏有剧毒，且黄曲霉素 B_1 的毒性为剧毒化学药品氰化钾的10倍而名列真菌毒素之首。1988年被国际癌症研究机构列为 I 级致癌物质。

　　1960年英国10万只火鸡几个月内突然死亡，这一事件的发生导致第二年黄曲霉及黄曲霉毒素被发现、鉴定和命名。黄曲霉毒素主要由黄曲霉、寄生曲霉的某些菌株及其他曲霉、青霉、根霉的某些菌株产生，是对肝脏有剧毒，并且有致畸、致突变和致癌作用的一类二呋喃香豆素的衍生物。到目前为止，已发现的黄曲霉毒素有十几种，但作为食品和饲料中的主要污染物，且在公共卫生学上具有重要意义的有黄曲霉毒素 B_1、B_2、

G_1和G_2四种，另有两种代谢产物M_1和M_2。

农产品被黄曲霉毒素污染后不仅会造成经济损失，人和动物摄入被黄曲霉毒素污染的粮食及饲料后还可引发急、慢性中毒。迄今为止，急性黄曲霉毒素中毒病例在世界许多国家，尤其在乌干达、印度等发展中国家报道较多。主要中毒症状包括呕吐、腹痛、肺水肿、痉挛、昏迷、脑水肿，甚至死亡。黄曲霉毒素，特别是黄曲霉素类B_1的慢性中毒作用主要被怀疑与肝细胞癌的发生有关。低剂量长期摄入或大剂量一次暴露，可导致多种动物的肝脏发生癌变。

原发性肝细胞癌在美国及西欧一些国家非常罕见，却是非洲及东南亚地区的常见肿瘤。在我国原发性肝细胞癌年发病人数为11.02万人，占世界病例总数的45%。其地理分布资料显示，高发区位于江苏、浙江、福建、广东及广西等气候条件适于黄曲霉生长繁殖，具有亚热带气候特点的东南沿海地区。

来自中国、肯尼亚、莫桑比克、瑞典、泰国及菲律宾的研究表明，膳食低剂量长期暴露黄曲霉毒素B_1与人类原发性肝细胞癌呈正比的剂量反应关系。与城区相比，农村更为常见，就是因为农村以谷物为主要膳食污染的结果。

2001年9月，广东、广西等地查出了“毒大米”数百吨，检验证实，其中掺杂的发霉的大米中黄曲霉毒素含量严重超标，引起了国家领导人和各大媒体的重视。这件事情严肃地告诉人们：米，本来无毒，但贮存不当就会发霉而变得有毒。人们必须清醒地认识到黄曲霉毒素的危害，杜绝这类Ⅰ级致癌物质侵害我们的青少年一代和更多的人。

青少年贪嘴后患无穷

如今的校园里人们会经常发现，课间许多学生都吃零食，吃的食品种类繁多，千奇百怪。由于他们的慷慨购买，校园门前的小贩们生意也红火起来。

据卫生防疫部门对市场上出售的小食品进行抽样检验显示，大部分小食品糖精含量超过国家标准，有些超出几十倍，甚至上百倍。一些食品中用了大量的香精、色素、食品添加剂及防腐剂。这些无任何营养的东西进入人体后需要肝脏等器官来解毒，增加了青少年肝脏负担。还有一些小食品与儿童所需要的合理营养配比相差甚远，对大脑发育和身体成长极为不利。因此，需要向青少年疾呼一声，为了你的健康成长，请慎用下列小食品：

软饮料。现在许多青少年口渴时不愿喝温开水，而饮用各种果汁、可乐、汽水。这些软饮料含有较多的糖、糖精及磷，饮用过多容易引起消化不良。磷元素过多会消耗身体内的钙质，造成缺钙的骨质疏松和龋齿，对骨骼发育产生极大的影响，直接影响身高的增长。过冷的冰镇饮料刺激胃肠道黏膜，易导致腹痛、腹泻或肠道感染。对于青少年来说，最好的饮料还是凉白开水。

巧克力。适当地食用巧克力对青少年的生长发育是有益的。但关键是适量，不能过多。巧克力含有大量脂肪和糖，食用过多容易造成龋齿、腹泻，影响蛋白质及其他营养物质的摄入；巧克力醇厚的口味对味觉有强烈刺激，常吃会使味觉敏感下降，使食欲减退；其中的咖啡因有扩张脑血管作用，影响青少年的睡眠。

含铝食品。铝进入体内很难由肾脏排出，对于青少年脑神经细胞有损害，影响生长，发育迟缓，容易使染色体畸变和发生骨质疏松。像油条、油饼、麻花等使用明矾类食品。

熏烤食品。用木炭火熏烤制成的食物如烤羊肉串、烤香肠、烤鱿鱼等。熏烤中产生的3，4-苯并芘、亚硝胺等化合物，具备强烈的致癌作用。再说，熏烤食品很容易受到有害物质的污染，特别容易传染疾病。

油炸食品。食物油在200℃以上煎炸的食品含有较多的过氧脂质，过氧脂质对人体有害无益。在胃肠内能破坏食物中的维生素，损伤体内某些代谢酶类。反复使用的高温油中含有芳香胺类致癌物质。过多食用对青少年生长发育十分不利。

含铅食品。爆米花、皮蛋、罐头、膨化食品等都是青少年喜欢食用的。其中含有大量的铅。铅是脑神经细胞的一大"杀手"。摄入过量在脑内蓄积，影响脑发育，使情绪低落，记忆力减退，思维能力和反应能力下降，明显地影响青少年的智力水平。

ok

防治骨质疏松的药物

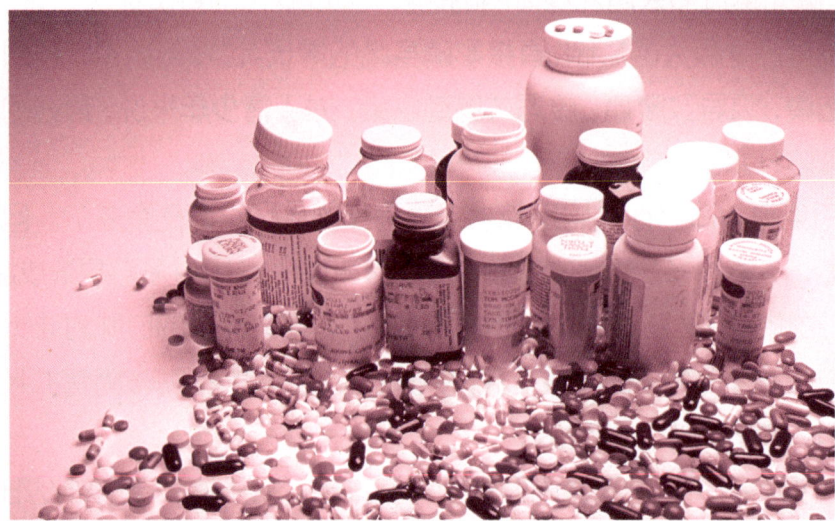

　　骨质疏松是一种随着年龄增大体内钙代谢异常，极易导致骨折的全身性疾病。世界卫生组织（WHO）在2000年明确提出，骨质疏松是人体衰老过程中的一种病理现象。其发病率高，致残率高，应积极预防，早期诊断和正确治疗。并强调，对45岁以上女性和60岁以上男性，应定期进行骨密度测定。当诊断为骨量减少时，就应予以相应治疗。

　　治疗必须是有目的、有计划、在医生监测下进行，也绝非单纯"补钙"就万事大吉。目前治疗骨质疏松的药品很多，从作用机理方面可分为三类：

　　促进骨矿化类药物，主要有钙剂和维生素D。钙研究认为，钙剂是预防骨质疏松的基础药物。而在骨质疏松的治疗中，钙剂仅是一种辅助用药，过分夸大钙剂在骨质疏松治疗中的作用是不科学的。钙主要在肠道吸收，故补钙以口服为好，以600～800毫克／日较为适宜。补钙要分次进行，尤其临睡前服用意义更大，因骨分解主要在晚间空腹时发生。

维生素D是人体内分泌代谢中的重要物质，维生素D_3活性代谢产物不仅是循环中的钙调节激素，还是一种旁内分泌因子，能促进小肠对钙的主动吸收；加速成骨细胞的基质合成，促进骨矿化；增加肌力，增强神经肌肉协调性，有效地降低骨质疏松的骨折发生率。钙剂只有在活性维生素D_3的作用下方可被骨骼有效地利用。

抑制骨吸收类药物，治疗原发性骨质疏松多用包括雌激素、二磷酸盐、降钙素等类药物。妇女绝经后骨质疏松应用雌激素是通过钙调激素（降钙素、甲状旁腺素、活性维生素D）而间接作用于骨组织的，还可直接作用于骨骼上的雌激素受体而起作用。须强调指出：只有在雌激素水平达到一定程度时，补钙才能发挥出对骨骼有益的作用。二磷酸盐能与骨矿化基质结合，抑制骨吸收。虽然该药生物利用度较低，但它能长期停留在骨骼中，不断地发挥其生物效能。临床上可用于各种原因所致的骨质疏松。天然降钙素是由哺乳动物甲状腺"C"细胞分泌的一种多肽激素。目前降钙素已广泛用于各种类型骨质疏松症的治疗。

促进骨形成类药物，主要指氟化物，而雄激素、生长激素及甲状腺素正在研究中。氟化物既作用于骨源细胞，还作用于骨祖细胞，促进骨细胞增值和代谢，从而增加成骨细胞数量，提高成骨细胞活性，促进骨形成。但氟化物是一种细胞毒素，浓度过高会出现不良反应。

以上药物在临床应用时可根据病人的不同病情加以选择，也可联合用药。这样才能既防止骨量的继续丢失，又有效地提高骨密度。

艾滋病将穷途末路

140

　　艾滋病（AIDS）这个被人类称为"世纪瘟疫"和"超级癌症"的恶魔，自从1981年在美国首例确认以来，在它的发祥地非洲以外的世界各地肆虐一时，又调过头来向欧洲大陆频频发起进攻，亚洲也面临威胁，整个世界形势严峻，艾滋病严重地威胁着人类的生存和发展。

　　艾滋病是由艾滋病病毒（HIV）感染的致命性传染病。据联合国统计，到1996年12月止，全世界已有640万人死于艾滋病，大约有2260万人患有艾滋病或受到艾滋病病毒感染。进入21世纪，数目急剧增长，感染和患病人数高达5000余万。亚洲的艾滋病病毒感染者迅速增长，据估计，亚洲可能继非洲之后成为新的重灾区。我国已有艾滋病感染者25万余人。尽管这个数据与13亿人口相比显得微不足道，然而，艾滋病有着几乎100％的病死率和迅速蔓延的惊人速度！

　　艾滋病的传播途径有三：一是性滥交传播；二是经血传播；三是经母婴传播。但在日常生活接触中不传播艾滋病，如握手、共餐、同住及食品、空气、上厕所等都不能传播艾滋病。

　　由于艾滋病的遗传物质突变率高,故使艾滋病的治疗非常复杂艰难。单独一种药物治疗容易产生抗药性,抗药的艾滋病毒继续繁殖,就很难治疗。人类对艾滋病的抗争采取了一系列措施：

　　控制传染源，切断传染途径。艾滋病人中，吸毒者、嫖娼人群感染率极高。所以应普及科学知识，唤起民众自我觉醒，提高社会的卫生文明水平。政府和公安、卫生管理部门要严格管理社会秩序，密切监视艾滋病的流行动态，及早发现并控制传染源，遵守严格隔离治疗制度。

　　新的治疗艾滋病方法将陆续问世。"鸡尾酒"疗法是1996年华裔科学家侯大一发明的治疗艾滋病的组合疗法,一经问世，引起了巨大影响。根据艾滋病毒的繁殖周期的不同环节,使用3～4种药物,取得了较好的疗效；基因疗法可以用正常基因代替或转移病态基因,不给艾滋病病毒的繁殖留下遗传条件,可以歼灭艾滋病毒。

　　艾滋病毒疫苗将诞生。许多病毒学家在呕心沥血地研究艾滋病毒疫苗。预计2005年前后艾滋病毒可以显示明显的预防效果。

　　21世纪是艾滋病的末日。只要人们增强预防意识和能力，尤其是生活中洁身自好，艾滋病一定会走向灭亡。

面对肝炎病毒的攻坚战

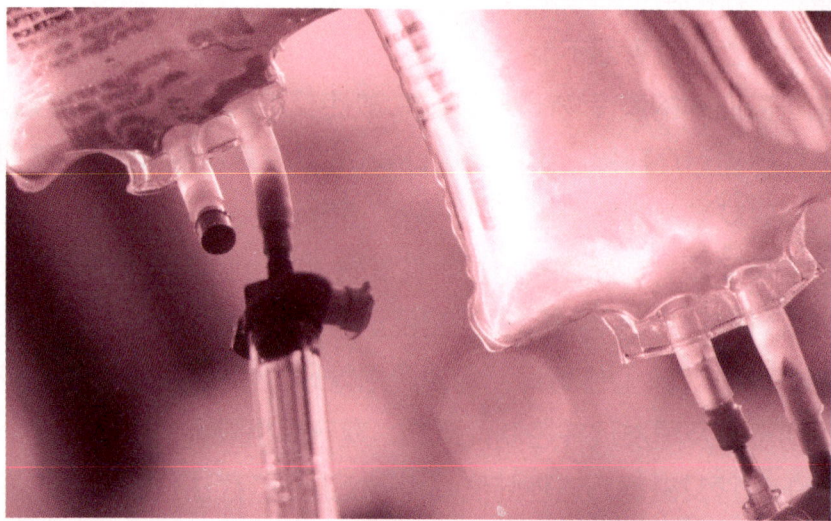

近些年来肝炎病毒向人类发起了疯狂进攻。据有关资料统计，人群中乙肝病毒感染率高达60％～80％，按地球65亿人口计算，光乙肝病毒感染者即为36.6亿～48.8亿人。至于甲肝、戊肝到庚肝病毒感染那就更多了。当然，感染人数多，发病人数仅占感染的10％左右，也不是小数，对人类的健康构成了强大的威胁！

在病毒性肝炎病人中，有10％～20％检测不到已知肝炎病毒的血清学标志，但他们具有肝炎的症状和体征，肝功能异常，因此被诊断为血清标志阴性的病毒性肝炎，或非甲～非戊型肝炎，有的甚至被诊断为新型肝炎。然而，北京大学医学部从全国6个城市收集了近200份血清标志阴性的标本，应用灵敏的肝炎病毒血清标志试剂盒重新检测，随机抽取104份血清标本，其结果是：31份（30％）为乙肝病毒核酸阳性；4份（4％）为丙肝病毒核酸阳性；23份（22％）为戊肝病毒核酸阳性；其余46份（44％）确为肝炎病毒血清学标志阴性。有人认为，这部分可能是新型肝炎病毒引起的。就是说，肝炎病毒不只已发现这六七种，还可能有新的病毒……

慢性乙肝的罪魁祸首是乙肝病毒，也是对人类威胁最为严重的。现已查明，由于人体遗传基因决定的对乙肝病毒的免疫力低下，是导致发病率高的主要原因；其次是后天不良因素所致，如心境不佳、人际紧张、竞争压力大、纵欲、过劳、失眠、营养不良、光照不足、辐射干扰等等。这些都能引起不同程度的发病。

过去认为C型GB病毒能引发庚型肝炎。1995年美国学者分别从西非和美国非甲～非戊型肝炎病人血清中扩增到一个黄病毒样病毒基因，最初认为是引起庚型肝炎的病毒。但目前多数研究认为，C型GB病毒不能引起肝炎。乙型和丙型肝炎病毒合并感染C型GB病毒后，并不加重病情。TT病毒，又称为经血传播病毒，以及最近发现的TT样微小病毒和SEN病毒的致病性尚未定论，但多数学者认为这些病毒并不引起肝炎。

病毒性肝炎的治疗主要有两个方面：一是保肝对症治疗；二是病因治疗。病因治疗认为是抗病毒治疗，实际上对抗性治疗副反应增多，加重经济负担，治疗效果欠佳，尤其是远期疗效是徒劳的。目前还没有一种抗病毒药物是真正抑制病毒复制和清除病毒。即使将来有一种药物能杀灭病毒，但对乙肝病毒免疫力不能恢复的患者也是不利的。

增强体力，调整心理，保持免疫功能的最佳状态是防治病毒性肝炎的最好途径。

当心自身免疫性肝炎

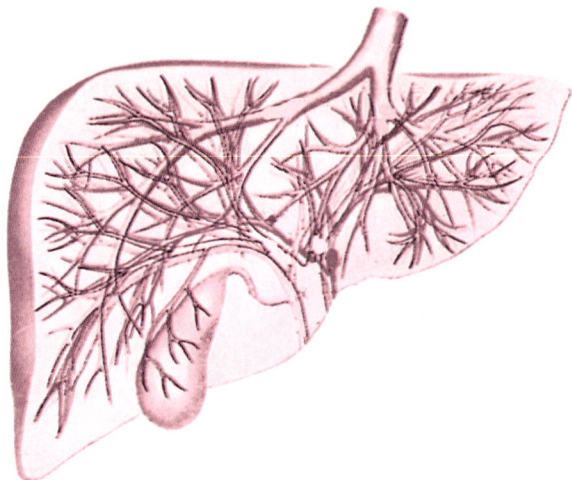

　　说起肝炎，人们先想到的是病毒性肝炎。近年来把病毒性肝炎根据不同类型的病毒引起的肝炎分为甲型、乙型、丙型、丁型、戊型、己型、庚型等7种。其次，还有化学性肝炎，像药物性肝炎、酒精中毒性肝炎等。最常见的还有甲、乙、丙肝和药肝、酒精肝等。乍听到自身免疫性肝炎，还真有点生疏，不过慢慢地被人们熟悉了。

　　自身免疫性肝炎是近些年来新确定的疾病之一，该病在欧美国家有较高的发病率，如美国该病占慢性肝病的10％～15％，我国目前对于该病的报道也在日渐增多，有必要提高对此病的认识。

　　自身免疫性肝炎是由自身免疫所引起的一组慢性肝炎综合征，临床表现与病毒性肝炎极为相似，常与病毒性肝炎混淆，但两者治疗迥然不同。

自身免疫性肝炎最早于1950年提出，由于该病与系统性红斑狼疮存在某些相似的临床表现和自身抗体，最初被称为"狼疮样肝炎"。以后发现该病与系统性红斑狼疮病人在临床表现和自身抗体上有明显差别。最近，国际会议将"自身免疫性肝病"和"自身免疫性慢性活动性肝炎"统称为"自身免疫性肝炎"，并取消了病程6个月以上的限制，确定该病为非病毒性感染性的自身免疫性疾病。

该病为有遗传倾向疾病，具备易患基因的人群可在环境、药物、感染等因素激发下起病。病人由于免疫调控功能缺陷，导致机体对自身肝细胞抗原产生反应，表现为以细胞介导的细胞毒性作用和肝细胞表面特异性抗原与自身抗体结合而产生的免疫反应，并以后者为主。

该病临床特征为女性多见，呈慢性活动性肝炎表现。检查可见高球蛋白血症和肝脏相关自身抗体出现，病理切片改变则表现为肝细胞呈片状坏死和桥状坏死，多有浆细胞、淋巴细胞和单核细胞浸润。其诊断需排除其他类似表现的肝病，尤应排除病毒感染性肝炎。

自身免疫性肝炎多呈缓慢发病，约占70%，少数可呈急性发病，约占30%。病人常表现为乏力、黄疸、肝脾肿大、皮肤瘙痒和体重下降不明显等症状。病情发展至肝硬化，可出现腹水、肝性脑病、食道静脉曲张出血。自身免疫性肝炎病人还常伴有肝外系统免疫性疾病，最常见的为甲状腺炎、溃疡性结肠炎等。

自身免疫性肝炎的治疗主要是抑制异常的自身免疫反应，治疗指征根据炎症活动程度，而非肝功能受损程度。有65%病人可获得临床、生化和组织学缓解。有肝硬化和无肝硬化病人10年生存率分别为89%和90%，因此，有必要严格规范用药。

ok

"虫牙"防治要"抗电"

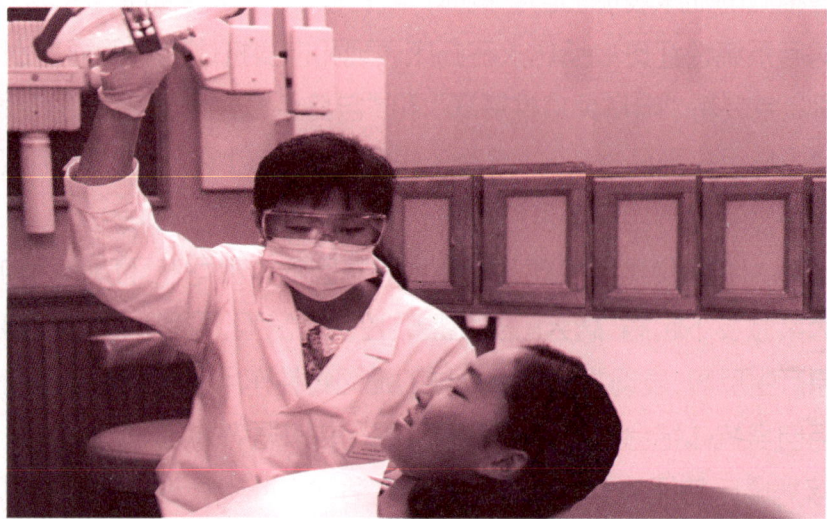

　　龋病，俗称"虫牙"，是人类口腔发病率最高的疾病之一。尽管目前我国龋病发病率还只有50%左右，但随着人民生活水平的提高，有可能很快赶到发达国家的90%以上的高发病率水平。因此，研究龋病因机理和有效的防治措施是关系到人民健康的大事。

　　经典的龋病因机理的理论是1890年美国米莱尔（Miller）提出来的"化学细菌学说"。他认为，细菌（菌斑）分解滞留于牙面的糖产酸，酸可以使牙齿局部脱矿破坏成洞。虽说此研究发现了致龋的主要细菌变形链球菌，而且证实了致龋的微环境牙菌斑，但对这些病因是如何致龋并形成龋洞的，至今没有结论。

　　1987年我国有关专家用精密的牙齿表面电位测试仪在临床上发现，龋变牙面存在着氧化还原（Eh）负电位。如果按龋病充填治疗的要求，将龋洞内龋变组织去除,则原有的负电位极显著地减小,基本达到健康牙面的水平。

龋病的存在和发展,伴随着氧化还原电位即Eh的变化,存在着生物电化学的原电池现象。龋变部位为原电池的阳极,有强氧化作用,即有过多的电子可以形成电子流,通过龋变下的牙体硬组织向牙髓及机体其他部位传导。由于电子流在通过有机体这种离子导体时会产生强烈的氧化腐蚀作用,所以龋病沿着电子流通向牙髓的方向发展,不断腐蚀破坏以化合物为主的牙体硬组织,逐渐形成起始于牙面、朝向牙髓的龋洞。由于生物电子流的刺激,在龋病发病早期即可引起相应的牙髓病变,直至最后穿通牙髓,引起牙髓发炎、坏死。牙菌斑内同样含有高浓度自由基,菌斑牙面同样出现Eh负电位,而且清除牙齿斑自由基同样可以使菌斑牙面Eh负电位极显著减少。用电子自旋共振技术系统研究了7种不同血清型变形链球菌与超氧化物阴离子自由基的关系,发现各型变形链球菌都可在培养液中产生自由基。还发现,变形链球菌的生长、吸附、产酸都与自由基有一定的关系。

由此我们可以得出结论:龋病的发病机理首先是以变形链球菌为主的细菌在牙面形成菌斑,形成致龋的微环境。而牙菌斑内可产生大量自由基,有强氧化作用,能使菌斑牙面形成Eh负电位,并产生电子流。电子流通过时会产生氧化腐蚀作用从而导致龋洞的生成。单纯的酸作用只能造成牙齿的酸蚀症,它与龋病的病理特点是完全不同的。

新的理论对开拓新的龋病防治方法有一定的指导作用:按照化学细菌学说,龋病是由酸腐蚀引起的,预防的原则是"抗酸"。而按照生物电化学理论,龋病是由细菌产生自由基诱发Eh负电位,产生电子流腐蚀引起的,预防的原则应该是"抗电"。

预防耳毒性药物致聋

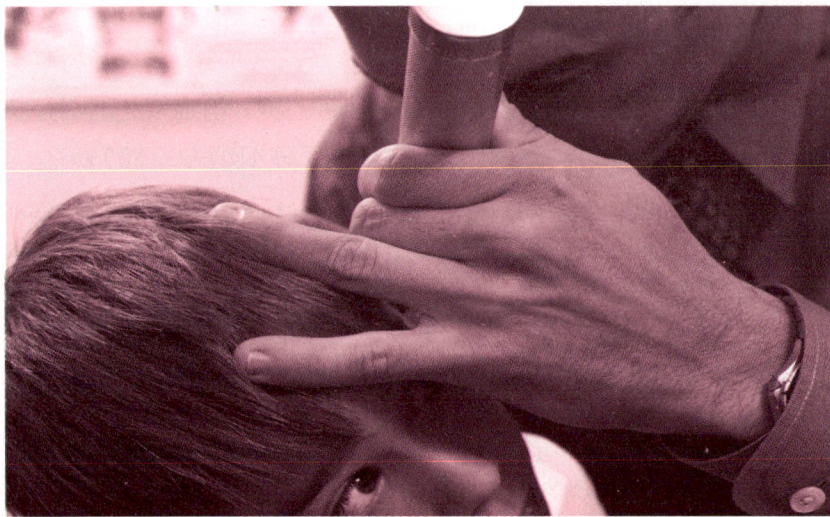

　　药物致聋的最大受害者是少年儿童。俗话说，十聋九哑。一旦发生了永久性听神经和器官损害，又没有尽早进行语言训练，哑必无疑。为了引起社会各界重视，由卫生部等10部门决定，每年的3月3日为我国"爱耳日"，2000年第一个"爱耳日"的主题是"预防耳毒性药物致聋"。

　　那么，怎样预防药物致聋?哪些药物致聋给人类留下过惨痛教训?

　　20世纪40年代前，奎宁是治疗疟疾的主要药物。在我国南方每当疟疾流行时，医生就用大剂量的奎宁来治疗，结果疟疾治好了，悲惨的事情也发生了，许多患者感到听力下降，有的竟丧失了听力。从此，一些药物的耳毒性副作用引起了人们的广泛关注。

　　现已查明，有多种药物可以引起耳聋，常见的有以下几类：

　　某些抗生素。常见的有链霉素、新霉素、卡那霉素、庆大霉素、新

霉素B等，其中以新霉素耳毒性最大，链霉素及卡那霉素次之，庆大霉素耳毒性较轻。

利尿剂类。常见的利尿酸、速尿、丁苯氧酸等。

细胞毒性药物（包括抗癌药物）。如奎宁、水杨酸的重金属（铝、砷、汞）制剂。这些药物可致耳蜗及前庭暂时性或永久性损伤。

药毒性耳聋多数是由于用药不当，对药物毒副作用认识不足及滥用药物所致。有的医护人员为省去青霉素皮试的"麻烦"而大量应用庆大霉素、卡那霉素，这就为耳聋埋下了"地雷"。

怎样能早期发现和诊断儿童药物耳聋呢？在大剂量应用耳毒性药物后几天或数周内，患儿感到平衡失调、眩晕、周围物体旋转，严重者恶心、呕吐、上下唇及四肢麻木、反应迟钝等。耳蜗中毒症状表现为突发性或进行性听力减退，初期高频区听力下降，进而出现全频率听力下降，常伴有高调经久不息耳鸣。

一般说来，耳毒性药物用量越大，时间越长，发生耳聋的可能性就越大。然而也有特殊性，有的人药物耐受力较强，即使同等或略大些剂量也没反应。这种耐药能力与遗传有关。如在一个家族中有一人发生链霉素中毒，其他成员的中毒可能性就很大，故用药应该慎重。

预防耳毒性药物致聋，关键是用药慎重。在使用有耳毒性药物时应重点考虑患者状态和药物性能两个方面的因素。从患者方面考虑：对幼儿、儿童、少年及高龄病人，特别是有耳毒病史和家族史者用药应尤为慎重；孕妇用药首先考虑药物对胎儿的影响，要警惕药物潜匿副作用和延迟中毒的危险性。从药物选择方面考虑：尽量避免发生不可逆的耳蜗和前庭损害，选择有效而毒性较小的药物，保持最小的日剂量和总剂量，尽量不合用两种以上耳毒性药物。

ok

香烟对人体毒害甚大

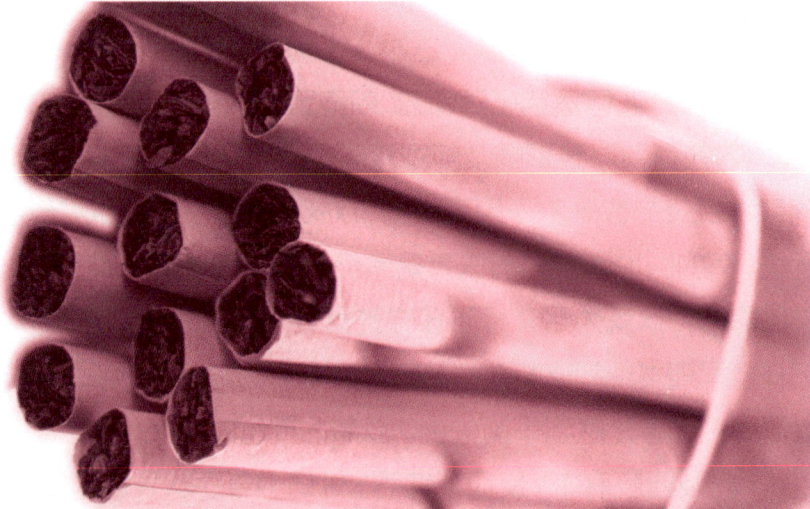

　　1979 年经国务院批准，卫生部等四个部联合发出《关于宣传吸烟有害与控制吸烟的通知》中指出，"鉴于青少年正在生长发育时期，最易受烟草中有害物质的毒害，建议教育部门在学校进行宣传教育，并作为纪律禁止大、中、小学生吸烟。"世界卫生组织（WHO）关于 1980 年世界卫生日的公开信中说，"吸烟也许是世界上最大的一项可以预防的于健康有害的因素"。并定为当年 4 月 7 日国际卫生日的主题是"要吸烟，还是要健康，任君选择"。这些年来，吸烟危害健康的宣传不断增强，可是走进烟民队伍中的人数越来越多，尤其是青少年……

　　吸烟，其实就是环境污染。烟草的燃烧过程中释放出包括尼古丁、氰氢酸、氨、一氧化碳、二氧化碳、吡啶、芳香化合物和烟焦油等 1200 多种有害物质。开始对人体的毒害反应是心跳加快、血压升高、肺部黏液增

多、血液含氧量下降。

经过多年的临床研究和流行病学调查表明，吸烟对人体健康的危害是十分严重的，在许多疾病的发病中，吸烟起到了决定性作用。例如吸烟使得患癌症的可能性比不吸烟者多出110%。

吸烟引起的肺癌、慢性支气管炎、肺气肿和缺血性心脏病等，并造成健康恶化、伤残、丧失劳动能力和死亡率增高的报告是不胜枚举的。例如WHO调查报告：男人吸烟者比不吸烟者死亡率高30%～80%；45～54岁吸烟者的死亡率比其他年龄组吸烟者为高；吸烟的年龄愈小者其死亡率比晚者为高，重度吸烟而又大量吸入烟雾者，其死亡率比不吸烟者高20%～40%；吸烟提高肺癌患病率10～20倍。

吸烟与心脏疾病的发生也有密切关系。如果青少年时代开始吸烟，到了45～54岁时将要发生心脏病。若每天吸烟20支，其心脏病死亡率比不吸烟者高2.8倍。这与烟碱的吸入量有关。

烟碱进入体内，促进肾上腺素分泌，释放儿茶酚胺。血液中肾上腺素增加，使血压上升，心律加快，心电传导异常，心脏供氧不足，久而久之增加了血小板的黏滞性和血脂浓度，促使动脉硬化，容易形成血栓，更容易促成心肌梗死。所以说，吸烟越早患冠心病的年龄越早。

有人做过调查，初中一二年级的学生，出于好玩，出于好奇，出于摆阔，偷偷地尝试着吸烟的较多，待偷吸成瘾后就难以摆脱了。奉劝青少年朋友，"吸烟有百害而无一利"，千万不可误入歧途。为了保护环境，为了他人的健康，也要远离吸烟。

第五章 轻松走进保健新时代

对于现代人来说，在争取健康生活的道路上，"患病"的人群占 20%；"无病"的人群也占 20%；还有 60% 的人是介乎于这两者之间的。

保健就是保护人体健康，首先要有健康意识。如果忽略了健康观念，淡化了健康意识，生命就会受到冲击。其次，要有保健意识。那就是要有保健知识、保健方法、保健投入、保健储蓄和保健检测。例如，合理营养、适量运动、戒烟限酒、心理平衡、无病早防、有病早治等，这些都是自我保健必不可少的措施。

据科学家预测，21 世纪前叶的保健重点仍将放在非传染病的防治上，对于未能控制的传染病也不能放松。在发展中国家像结核病、病毒性肝炎、伤寒、疟疾、登革热等，要从整体上扼制住肆虐的凶恶势头。其保健重点是：防治癌症、糖尿病、艾滋病、生活方式疾病、老年性疾病、食源性疾病以及影响生活质量的疾病。

全社会都应该注意：意外伤害是青少年的第一杀手。根据近年调查，全人类的意外伤害占死亡比例一直呈上升趋势。尤其是对于正处于生长发育期的儿童，意外伤害成为第一位死因。其次的意外伤害如跌伤、烫伤、烧伤、体育类外伤、烟花爆竹伤、动物咬伤、玩具致伤等容易致残的伤害。加强对青少年的安全教育显得特别重要。

不少青少年不吃早餐，有的甚至糊弄几口了事。青少年正处于长身体的最佳时期，需要充足的营养物质，需要大量的能量消耗，必须得到按时补充，不然就影响了健康发育。再说睡眠是人体不可缺少的精神与体能的恢复剂，也是人体生长发育的关键时间。尤其是儿童睡眠时，各种激素分泌发生明显变化，新陈代谢减少了 10%，产热量减少了，体表血管扩张了，生长激素分泌比白天增加 5～7 倍，正是增长身高的好时机。还有，姿势也很重要。人的起居坐卧要保持端庄，走如松，坐如钟。不然容易造成脊柱弯曲，步履歪斜，像个歪瓜裂枣似的；另外，对于电脑的使用要科学合理，适可而止。如果过于迷恋电脑，容易患上电脑终端综合征。

自我保健是一门科学，有丰富的知识，也在不断地发展和提高，只有不断地学习，不断地应用，才能不断提高自己的健康水平。

21世纪的保健重点

　　21世纪是一个挑战与机遇并存的世纪。人类健康也将面临着同样的局面。一方面，我们的生活条件将继续改善，医疗水平将不断提高，人类在自我保健、医药研究以及公共卫生、居住环境方面的投入将进一步增加。因此，婴幼儿死亡率、平均寿命和传染病发病率等重要卫生指标将会进一步提高；另一方面，随着社会的不断现代化，随着人类对自身生存环境的干扰破坏，许多影响健康的不利因素也会增强，如久坐不动的生活方式，失衡的膳食和大量吸烟，环境恶化、空气污染，接触化学物质增多，精神紧张，心理失衡等等。

　　据专家预测，21世纪前叶的保健重点仍将放在非传染性疾病防治上，当然对于未能控制的传染病也不能放松。在发展中国家，像结核、肝炎、伤寒、疟疾、登革热等，要从整体上扼制住肆虐的凶恶势头。其保健重点集中在以下七个方面。

第一，癌症仍是人类面临最大死亡威胁，特别是肺癌、结肠癌，将随着吸烟、不健康膳食以及环境污染继续恶化而上升。肺癌将面临高发峰尖。除了发展医药科学外，调整生活方式，保护生态环境，纠正不良习惯和嗜好是当务之急。

第二，糖尿病患者队伍将以极快的速度发展壮大，发病人数增长最高最快。一是与膳食结构改变有关；二是因为环境、遗传因素的影响。伴随着心脑血管病、慢性肾衰、视网膜病变、双足运动障碍等糖尿病并发症急剧上升。

第三，艾滋病将在世界范围内继续蔓延扩散。如不严加防范，将成为人类面临最凶残的生命杀手。只有洁身自好远离传染源，才是唯一有效的预防。

第四，生活方式的不科学而导致的吸烟、高脂膳食、缺乏运动、肥胖等危险因素的作用，像冠心病、脑卒中等严重影响生命质量疾病将日益增多，越来越年轻化。

第五，随着老龄化社会的到来，老年保健问题将日益突出，像老年性痴呆、循环系统疾病、精神障碍等退行性病变的沉重压力。必须加强对老年健康问题的研究。

第六，由于贸易全球化和旅游业的不断发展，人口迁移日益广泛，必须加强对食源性疾病、新传染病、复发回潮传染病的监测和预防。

第七，21世纪的人类不仅要活得长久，活得衣食无忧，还要尽可能减少患病率和残疾率，避开像偏瘫、痴呆、癌症疼痛等影响生活质量疾病，真正活得健康快乐。

保健意识应从青少年开始

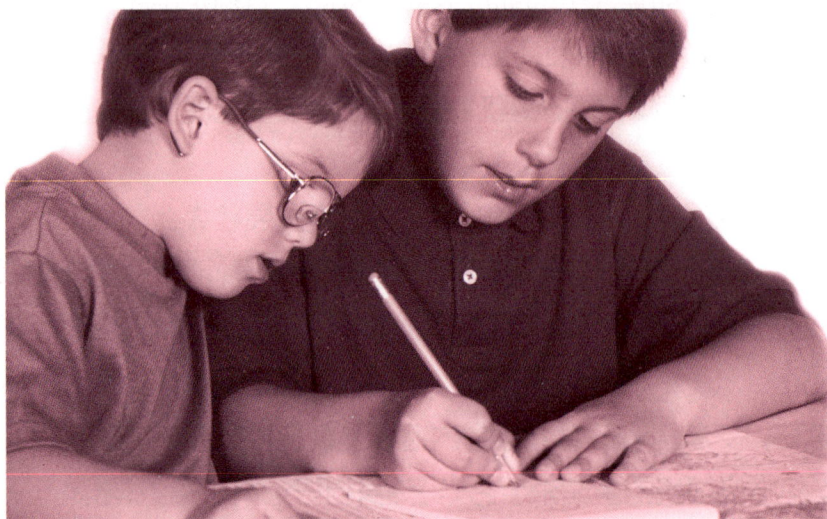

　　人生从少年进入青春期后，身心诸方面发生重大变化，同时受周围环境、学习生活条件的影响，身体健康状况表现出既不同于童年，又与成年人有区别的某些特征。归纳起来，青春发育期多发病有如下特点：某些器官，甚至某些系统功能失调性疾病比较多见；与生长发育密切相关的异常现象容易发生；同脑力活动为主的学校学习生活环境条件相联系的多发病患病率较高；有些疾病是成年，甚至老年性疾病的先兆；意外事故造成的死亡明显增加。

　　随着医学科学的发展，人们对青春期常见病认识也在不断深化，青春期医学广泛涉及到的异常和疾病，不仅是人们熟知的性发育迟延、性早熟、月经病、手淫、痤疮等比较多见；而且少年性高血压、青春期甲状腺肿、边缘性缺锌，缺铁性贫血、神经衰弱、结核病、风湿病、肥胖症、近视眼、脊柱弯曲等病在青春期也较多见或加重。这些疾病的形成和发展往往是多种因素综合作用的结果。因此，青少年必须重视自我保健，采取综合性预防疾病措施。

科学合理地摄入充足营养。处于青春发育初期的少年每千克体重的日热能需要量明显大于成年人，蛋白质的足量才能维持正氮平衡（摄入和贮存氮量多于排出），蛋白质占摄入量的1/3～1/2。三大产热营养素（蛋白质、脂肪、糖类）比例适宜。无机盐、维生素、微量元素必需物质要足量。

加强适应自身条件的体育锻炼。体力活动是促进身体发育、增强体质和健康的最有效因素。体育锻炼可以提高细胞免疫活性及机体非特异性免疫水平，有利于骨骼发育与全身代谢平衡，使骨密度增加，肌纤维变粗，线粒体氧化酶活性增强，促使心肺等内脏器官发育，调节体重，避免脂肪蓄积过量。

养成作息规律和良好的生活方式。饮食要定时定量，不要酗酒、吸烟，生活规律，按时就寝，保证睡眠。不少青少年自控能力差，需要他人帮助或监督。有的养成不良习惯，别人的帮助和规劝还听不进去，这是一误再误后患无穷的。只有精力旺盛，才能维持正常活动。

参加健康体检，及早防治疾病。随着学校保健体检形成制度化，学生要积极参加，引起重视。发现一些常见病的苗头，要及早防治。要主动自觉地培养自己的保健意识。学校也要制定健康教育计划。

ok

电脑终端综合征

　　当今的社会是信息时代，"不会电脑等于半个文盲"。望子成龙的家长们争先恐后把电脑请回家，已成为一种时尚；在学校里，计算机已成为中小学的必修课，使得青少年接触电脑的年龄越来越小，时间越来越长。这无疑丰富了孩子们的知识，开阔了孩子们的视野，但随之而来的负面效应也是不容忽视的。

　　国际维护儿童权益的组织——儿童国际联盟的各位专家们曾发表《拔苗助长：对儿童用电脑的批评性意见》、《傻瓜的金牌奖：审视电脑充斥的童年》等文章指出：电脑可以削弱儿童的思考、想象、创造力，削弱语言和识字技能，使儿童注意力差、不耐烦、变得孤独，但更多的则是对眼睛的损害。长时间、持续操作电脑，可能会引起视力疲劳的一系列症状，医学上称之为"电脑终端综合征"。其主要原因如下：

光线刺激和辐射。电脑屏幕发出低频电磁波与人类工作中脑波频率相近，导致大脑工作过度、荧屏眩光、字符频繁闪跳都可引发视力疲劳。

荧幕画质与清晰度。有些电脑因为使用时间过长，使荧幕画质降低，清晰度减退，造成阅读困难。

工作姿势、距离与时间。由于过度靠近电脑荧屏，工作姿势单一，荧屏与键盘注视频繁交替，用眼时间过长，头部前倾，颈部肌肉过度紧张，长时间处于高度注意力集中和精神高度紧张，引起视力疲劳。另外，长时间注视电脑，很少眨眼睛，还会导致眼球水分蒸发过快，泪腺分泌减少。

工作环境。环境中光线过弱、过强，使荧幕与外界产生强烈反差，容易对眼睛造成刺激；环境中空气不流通，使眼球缺氧，造成眼疲劳。

随着计算机应用范围的扩大，电脑终端综合征的发病率越来越高，目前广州患此病的人已达100万。其主要表现为眼睛干涩、灼热、发痒、有异物感，眼皮沉重、无法张开，视力减退，尤其是看远处模糊不清，字迹成双、串行，眼球胀痛，结膜充血发红，甚至感到头晕、头痛、恶心等不适，严重者可引起角膜脱落。

为有效地预防此病的发生，专家建议：减少在电脑屏幕前的暴露时间，建议安装符合MPR标准的优良护目镜于电脑屏幕前缘，隔离屏幕所发射之辐射、静电荷及有害光源。使用电脑时最好佩戴具有抗辐射功能的镜片。电脑应避免室外、室内光线直接照在屏幕上，屏幕与眼的距离应保持在60厘米以上，视线向下约15～30度。调整桌椅的高度，坐姿端正、舒适，保持室内空气清新，每工作1小时要休息10分钟，转转眼球，看看远处事物，经常做眼部按摩。常用一些具有营养、保护角膜作用的眼药水，如珍珠明目液等。必要时到医院诊断、治疗。

ok

应该正正经经吃早饭

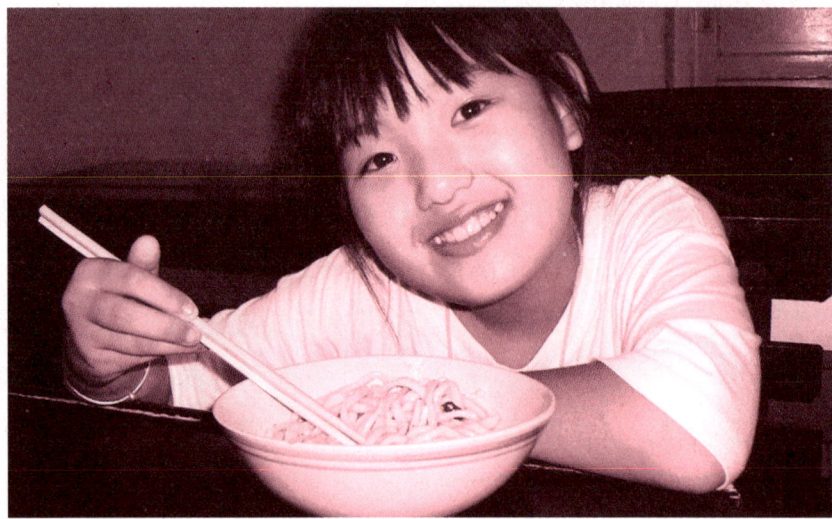

在吃已不成问题的今天，却有许多人不会吃。营养卫生学家发现，早饭的糊弄已成为营养卫生的重大缺陷，尤其是青少年不吃或少吃早饭极为普遍，给青少年的生长发育带来了重大影响。

全国各地的早餐习惯各有不同，但总的看来都没被引起足够的重视。由于家庭成人的忽略，孩子们也就马马虎虎了。加上习惯上的晚睡晚起食欲不佳，故而许多地方的早餐被简单化了。

北京人早餐简单而又匆忙。许多北京人在上班途中，匆匆地来一碗豆浆、两根油条，或两个包子、一碗粥；有的干脆手托一块小黄纸，"躺"个煎饼，边走边吃。北京人对早餐不重视，称之为"早点"，意思是"点心"一下而已，不算正经吃饭。没有人用充分的时间来准备和享用早餐。有人对20～50岁的人做过调查，根本不吃早餐的占20%，间或吃早餐的不足5%。对北京8所中小学早餐状况调查，有60%孩子基本上每天吃早餐，有40%学生时吃点时又不吃，有15%的学生根本不吃。有24%的学生在第三四节课时就有饥饿感或疲劳感，说明其早餐的质与量均不足。

上海人的"四大金刚"就是大饼、油条、粢饭与豆浆。粗略估算，如果早餐食入足量的"四大金刚"，就热量供给基本可以。由于蛋白质供应欠缺，赖氨酸含量较低，对青少年的记忆力有一定的影响。

广东人马马虎虎吃早餐，早餐匆忙，品种单调，味道不好；许多人不知道早餐应该吃多少才够。广东人将早餐称为早茶。再说吃茶需要一定的经济实力，工薪族和学生是无法享受的。有人对广州市5个区10所上学的815名小学生的早餐情况进行调查，结果发现连续5天不吃早餐的小学生少于2%，但在调查1周中曾1次或1次以上不吃早餐者为10%～20%。更为突出的是，早餐的量少质差、品种单调。折算一下热量和蛋白质含量也远远不足。所以，应设法为学生提供"营养早餐"。

湖北人喜欢在外面"过早"。湖北的早餐花样不少，但绝大多数是街头食品。由于早上时间紧张，许多上班上学的大多数都是边买、边走、边吃。街头小吃条件差，卫生状况不好，加上摊贩流动性较大，临时观念强，餐具消毒根本谈不上。据调查，从1992年到1995年全国因食物中毒事故中，街头饮食占65%以上。早餐应少吃油炸食品，尤其是儿童、少年和老人，油炸食品不仅不易消化，而且营养素也多有损失。

早餐的好坏与工作、学习效果有明显的影响，对青少年的生长发育影响更大。希望全社会都来重视早餐，关爱孩子们的成长，正正经经地用早餐，使之全日精力充沛。

拓宽感冒的预防大视野

　　感冒往往被人们认为是"小病小灾"，殊不知，就是这"小病"却阻挡过美国"阿波罗-9"号宇宙飞船按预定计划发射；而流感在1918～1919年间曾使2000万人丧生。

　　感冒可分为普通感冒和流行性感冒两大类。

　　普通感冒是由多种病毒或细菌引起的。其诱因是过度劳累、着凉、休息欠佳等。患上普通感冒，局部症状较重，通常由咽部发干、打喷嚏，进而微热、流鼻涕、鼻塞等，少数出现全身症状或并发症，一周左右可自愈。

　　流行性感冒（简称流感）是由流感病毒（包括甲、乙、丙三型），经呼吸道传播和接触传染源发病的。流感起病急，全身症状重，有高热、头痛、四肢酸痛、咳嗽等症状。部分病人有胃肠道反应，如恶心、呕吐等，严重时可并发气管炎、肺炎、心肌炎等疾病。病程一般也在一周左右。流感属于呼吸系统传染性疾病，流行性较为严重，故拓宽预防视野，加强预防措施是极为重要的。预防措施主要是疫苗、饮食、验方全方位对策。

疫苗。关于流感疫苗的研究已经多年了，由于流感病毒多变异，所以研究出来的疫苗接种后，预防效果极差，因为病毒多变，疫苗的免疫功效有特异性，找不准是哪种疫苗的对应病毒。但是，近年来国内外专家一致认为，应用最新方法制作的流感疫苗是预防流感的最佳武器。最新制作的流感疫苗是采用世界卫生组织（WHO）提供的毒株，在鸡胚中培养，然后灭活，纯化制成，同时抵御甲$_1$、甲$_3$和乙型等不同型别的流感。疫苗首先应用于老人、慢性心肺疾病患者、糖尿病及免疫功能低下者；其次为儿童、青少年和其他易感人群。皮下注射或肌肉注射，10～15天即可产生抗体，能起到很好的保护作用，其保护率在80％左右。因此即使接种了流感疫苗也不可麻痹大意。尤其有些过敏体质者、婴儿、孕妇不要接种；发烧、身体不适和癌症病人也不能接种。

饮食预防法很多。像喝热姜汤有驱寒暖身作用；每天喝碗鸡汤，多种氨基酸，特别是其中的半胱氨酸有增强免疫力作用；多吃大蒜、洋葱有杀菌杀毒功效，大蒜素生食能提高免疫功能；多吃含锌食品，增强机体酶类物质的活性，提高免疫效应，有抗感染、防流感的作用；维生素C的富含食品要多吃，如绿叶蔬菜、番茄、菜花、青椒、柑橘、草莓、猕猴桃、西瓜、葡萄等，因加热维生素C易分解丢失，故生食为佳。

单方、验方也是预防感冒的简便措施。例如盐水漱口，可杀灭细菌和病毒，冷水洗脸可以刺激皮肤和鼻黏膜，提高寒冷耐受力，预防感冒；食醋薰蒸后室内形成醋蒸气环境能杀灭病毒和细菌，对感冒能起到防患于未然的效果；多饮水可以降燥解毒，湿润口腔咽喉的病毒、细菌被冲刷出体外；还可以口服板兰根、银翘等冲剂，有杀毒防病作用。

ok

青少年早防高血压

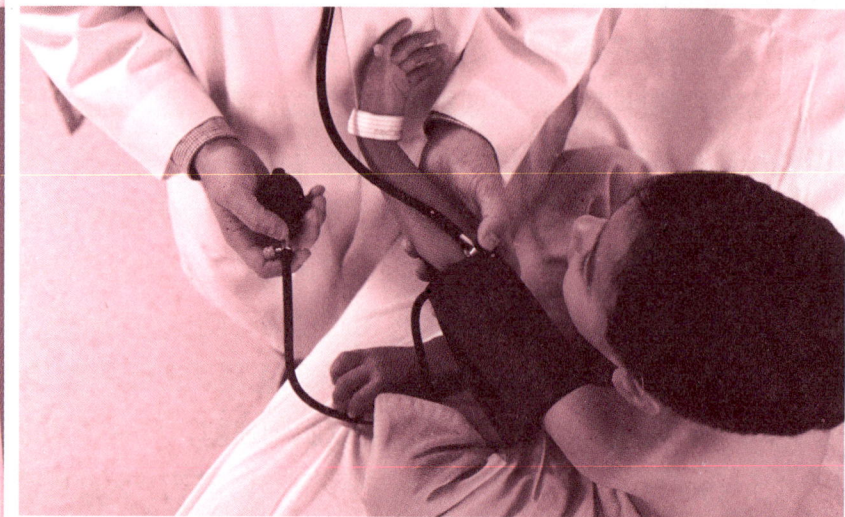

　　人们一般认为，患高血压是成年人的疾病，其实青少年也患高血压。据研究表明，近年来青少年患原发性高血压的并不少见，而成人的高血压往往也是在儿童时期或青春期开始演变的。因此，青少年的血压问题，已经引起了科学界的极大关注。

　　青少年的高血压有两种情况。一种是暂时性的，主要表现为收缩压比较高，可以达到18.6～20.0千帕（140～150mmHg），舒张压一般不高。平时没有不适感觉，只有些疲劳感，或激烈运动后头晕、胸闷等症状。可能是在青春发育中神经和内分泌系统变化剧烈，心脏发育比血管明显的快，以致血压有所升高。这样的青少年高血压，如果能科学地调整生活方式，避免过度劳累，适当参加体育锻炼，血压可以逐渐恢复正常；另一种高血压是永久性的，这种少数的情况与遗传因素有直接关系了。

按青少年高血压的病因来分，可分为原发性和继发性的。继发性的高血压病因很多，像急慢性肾小球肾炎、肾盂肾炎、肾肿瘤、肾先天性发育不全、肾血管畸形等。原发性高血压一般认为多种综合因素作用的结果。大致有以下几类。

遗传因素。人类的高血压与遗传密切相关。研究显示，父母均有高血压的，其子女患高血压的可能性为40%；父母一方有高血压，其子女患高血压的可能性为28%；而父母血压正常，子女患高血压的可能性仅为3%。这种家族聚集倾向，在同胞兄弟姐妹中出现有65%。

某些嗜好的影响。大量研究表明，高血压与饮酒量密切相关。经常饮酒者比不饮酒的高血压患病率高出2.5倍。吸烟者比不吸烟的为高，而青少年吸烟者患高血压危险度更大。

饮食因素。食盐的摄入量与血压密切相关。食盐量越多，血压相对越高。据调查，肥胖者患高血压是体重正常者的2~6倍。而饮食总热量过高是发生高血压的一个重要因素。

精神心理因素。长期处于紧张有害的生理环境中，容易发生持续性高血压。尤其是具有紧迫感、有强烈竞争意识和脾气急躁的A型性格的人，高血压明显多于B型和C型性格者。

环境因素。长期接触90分贝以上噪音或微波者，可诱发高血压。镉可以引起高血压。

青少年注意预防高血压，可有效地减少成人患高血压、冠心病、脑卒中等心脑血管病的机会。为了一生的健康，要从青少年防病。

意外伤害是青少年第一杀手

　　根据近年的调查，意外伤害所占死亡比例一直呈上升趋势。尤其对于正处于生长发育期的儿童和青少年，意外伤害成为第一位死亡原因。0～14岁儿童意外死亡的年发生率为67.13/10万，占儿童死亡的31.30%。引起青少年意外死亡的主要原因有溺水、窒息、车祸和中毒，占全部意外死亡的80%以上。另外还有一些意外伤害，容易导致儿童致残，如跌伤、烫伤、烧伤、体育类外伤、烟花爆竹伤、动物咬伤、玩具致伤等。儿童和青少年伤害不仅对生命和健康产生巨大的危害，也给受害者的家庭及社会造成经济上的严重负担，还给家属心理上造成严重创伤。所以说，青少年的意外伤害是第一杀手。

　　那么，造成青少年意外伤害的因素有哪些呢？根据调查发现，主要有四个方面：

第一，儿童及青少年的年龄、性别和生长发育水平。年龄越小，危险意识越小，越容易发生意外伤害。还有部分孩子随年龄增大，特别是到了十一二岁时，行为冒险性增大，也容易发生意外伤害。尤其男孩好动，所以发生意外伤害的机会更高。

第二，家庭或周围的自然环境。如果家庭一些危险品设置没注意到安全性，如刀具、药物、热水瓶、电源等乱放，缺乏必要的防护措施，可能使年幼的孩子发生意外。周围的建筑工地、水塘、马路等都是伤害的危险因素。

第三，家庭社会因素。据调查发现，在有慢性病患者、经常来客人、有上夜班的、家庭成员经常吵架和离婚的家庭中，青少年发生意外伤害的多。

第四，家长缺乏意外伤害预防知识，缺乏预测和警惕性的。许多意外伤害发生，事前已有潜在危险性存在。只要家长具备这方面的知识，就能积极地预防意外伤害。例如防止烫伤就把开水、热汤饭放置时离孩子远些；能起到伤害作用的利器，别让孩子碰着；出门时小孩要尽量别放松乱跑等等。

预防意外伤害，首先要加强对青少年的监护，尤其对幼儿和儿童，不要让他们接触危险物品；二是注意家庭危险物的放置；三是买玩具注意安全意识，如带子弹的玩具手枪就容易惹；四是对孩子要加强意外伤害的健康教育，提高青少年自我防范的警惕性；五是加强意外伤害的急救知识的教育，常备一些急救药品。只要采取可行的预防措施，就会使青少年远离伤害，躲过"第一杀手"。

严防青少年的突然事故

　　随着医学的飞速发展，传染病的死亡率日益下降，青少年的健康与茁壮成长有了保障。然而，意外事故成了青少年夭折的头号杀手！美国资料表明，死于意外事故的孩子比各种疾病死亡孩子的总数还要多。在所有的意外伤害中，坠落伤居首位。其次为切割伤和自行车伤。但就损伤的严重程度和死亡原因而论，则是车祸和溺水。

　　如何严防青少年意外事故，已是儿童保健中不容忽视的重要环节。

　　车祸。孩子过马路爱跑，多数孩子横穿马路时不观察左右车辆。车祸大多数发生在交叉路口或孩子熟悉的区域内，特别是距家100米左右。所以，父母和老师要经常提醒孩子，哪里是危险地段，过马路必须看清前后左右。研究表明，穿色彩鲜艳服装的儿童，比穿颜色灰淡或伪装色服装的儿童死于交通事故的明显减少。专家建议，孩子上街宜穿红、蓝或黄色

的服装，晚上以穿反光强的白色服装为好。

溺水。夏秋季节是青少年活跃江湖、水溪、池塘、海滩的大好时光，有的是游泳戏水，有的是捕鱼捞虾。就在这些欢乐之中，常常酿成溺水悲剧；因为青少年活泼好动，行为大意。所以，青少年玩水时，成人要注意监护，最好组织集体活动，要设法严格组织，互相照顾，注意安全。

坠落伤。据调查，有50%的儿童事故是在家里发生的，常常是独自一人在家或仅有一名不到15岁的孩子在照管。儿童从楼房窗口或阳台上坠落并不罕见，从椅子上、床上或楼梯上摔下来更为常事。因此，家长要教育孩子，思想重视，严加防范，千万预防坠落伤。

烫伤。据调查，13岁以下儿童烧伤，有80%是烫伤所致。大部分烫伤是在餐桌上或厨房里发生的。最常见的烫伤是被热水、热汤或热锅所烫伤。

窒息。就是意外引起呼吸道不通畅而不能呼吸了。美国过去10年里有284名10岁以下的儿童死于意外窒息。其中绝大多数是儿童用品和玩具呛入气管引起的，如小球、弹子、饰物、玩具填充物、摇篮螺栓等。近些年来青少年玩的气球、口香糖等堵塞呼吸道引起窒息日益增多。

触电。因触电致死的青少年并不少见。尤其目前家电日益多见，电源插座剧增，青少年处于好奇，经常去捅容易触电。

药物中毒。由于家庭药物管理不严，引起儿童误服药物中毒屡见不鲜。上海妇联儿童部对907名年轻母亲调查，有3/5的人对药物保管不妥。最常见误服的是干燥剂和杀虫剂，需要严加管理。

意外事故是人们加强防范意识就能避免得了的。所以，不仅大人要关注，青少年也要珍爱自己，注意防患于未然！

ok

适合青少年的健身运动

　　人生的青少年时期正是生长发育的大好时机，也是人体的新陈代谢最旺盛的时期。这个时期健康状况几乎关系着人生延年益寿的重要阶段。尤其在长知识、长才能的时刻里，健康的体魄为学习好本领奠定了基础。"生命在于运动"，青少年的生命更需要运动。因为体育运动是对脑力劳动的促进。

　　那么，哪些运动适合并有利于青少年的健康呢？

　　长跑有助于生长发育。据日本学者对比观察，发现经过一年长跑训练的少年，身体发育正常，身高、体重的增长还略高于一般儿童。我国也有人观察过少年万米长跑的反应。专家们认为，对青少年可以将耐力训练作为基础。从生理功能观察，长跑有利于心功能增强，心搏血量增多。由于长跑锻炼使钙磷代谢增强，使骨密度增高，长骨生长速度加快，故有身高的增长较为明显。

弹跳运动健脑益智。弹跳运动健脑是因为能促进脑神经细胞的活力，使血循环加快，脑细胞供血和供氧充足，使脑神经的轴突和树突传导生物电波速度加快，故而使神经反射活跃，思维敏捷。据生理学家观测，凡是能为大脑增氧的健身运动皆有健脑益智作用，尤为以弹跳运动为佳，例如跳绳、踢毽子、跳皮筋、跳舞等。

"立正"等队列运动塑造优美体形。不少青少年的腿部骨发育不健全，个别的出现明显的O形或X形腿。经体育教学证实，"立正"等队列训练可以矫正这些畸形。严重的畸形腿病人在训练时，要求双腿并拢，上提丹田气，必要时用弹性橡皮带扎在双腿上，每天数次，每次20分钟以上，时间长了畸形自然会恢复正常。

打乒乓球防治近视。近视眼形成的重要原因是视疲劳。眼睛看近物时，晶体曲度增强，以便增强曲光能力，使物像落在视网膜上，才能看清物体。当双眼看近物时，双眼球会聚向鼻根方向，使肌肉压迫眼球，时间长了眼轴慢慢变长，造成近视；而看远处物体时，则不需要变换曲度调节，不易出现疲劳现象。打乒乓球时，双眼必须紧盯着穿梭往来、忽近忽远、旋转多变的快速来球，使眼球内部运动加快，眼神经机能提高，不仅可以调节眼疲劳，还能改变眼球的曲度和眼轴的长短。

但是，青少年的身体发育毕竟未成熟，各器官的功能还较薄弱，无论参加哪项运动都要注意控制强度，以循序渐进的方式逐渐适应；还要结合自己的体力和健康特点量力而行。只有适度才有利于健康。

剧烈运动后"六不宜"

　　青少年正是运动场上龙腾虎跃的时候，也是体力劳动中的虎将。经过剧烈的运动和繁重的体力劳动，往往都是大汗淋漓，或者过度疲劳。这时，应注意以下"六不宜"。

　　不能立即休息。剧烈活动后心跳加快，肌肉紧张，毛细血管扩张，血流速度也快。这时如果立即停下来休息，肌肉的节律性收缩停止，原先流进肌肉的大量血液就难以通过肌肉收缩流回心脏，造成血压降低，出现脑部暂时性缺血，容易引发心慌、气短、头晕、眼花、面色苍白，甚至休克昏倒等症状。如果激烈运动后继续做些小运动量动作，呼吸和心跳就会逐渐恢复正常，不会影响全身供血的失调。

　　不可马上洗浴。剧烈运动后，身体为了散热，皮肤血管扩张，汗孔开大，排汗增多。如果这时突然洗冷水浴，因突然冷刺激使血管收缩，血

循环阻力加大，心肺负担加重，使机体抵抗力降低，人就会生病；如果剧烈运动后洗热水澡，会增加皮下的血流量，血液过多地流入肌肉和皮肤，导致心脏和大脑暂时供血不足，出现暂时性头昏眼花，重者虚脱休克。所以，运动后要休息一会儿再洗浴。

不应暴饮开水。剧烈运动后因排汗过多而口渴时，有人就暴饮开水或其他饮料，这会加重胃肠负担，使胃液稀释，降低了胃液的杀菌能力，又妨碍了对食物的消化。由于进水速度过快，使血容量急剧增加，心脏负担过重，引起体内钾、钠等电解质紊乱，容易出现心力衰竭。所以运动后不要过量过快饮水，更不可喝大量冷饮，否则影响体温调节，容易得病。

不宜大量吃糖。有人以为运动后进些甜食或饮些糖水舒服或有好处。其实不然，运动后吃糖过多会使维生素B_1消耗过多，人会感到倦怠、食欲不振，影响体力的恢复。因此运动后要进些含维生素B_1多的食品。

不能饮酒解乏。运动后饮酒能使酒精尽快吸收，对胃、肝等器官的危害比平时更甚。如此长期下去可引发脂肪肝、肝硬化、胃炎、胃溃疡、痴呆症等疾病。运动后大量饮进啤酒还可使血液中尿酸含量剧增，使骨关节受刺激过重，容易引发关节炎、痛风等。

不可吸烟解疲。运动后吸烟是在人体新陈代谢加快的时刻，减少或阻断了对各器官的供氧；使烟雾中大量有毒物质进入体内，加重了对人体各器官的危害，尤其是心、肺、脑的损伤更重。这样会在运动后的恢复过程中，更加重疲劳，伤害身体。

只要从青少年开始，时时刻刻关注健康，那么就会不得病或晚得病，健康长寿就会伴随你。

帮助青少年了解"性"

　　古人云:食色性也。性是人的基本要求和本能, 是生物繁衍的基础, 自然界因为有了性, 才能使大千世界充满生机, 姹紫嫣红, 才有我们经常所说的良辰美景。性是神奇的、神秘的、神圣的, 也是纯洁的、美好的。

　　性文化在我国具有源远流长的历史, 在中国博大精深的文化中性教育学也贯穿了其中。早在 5000 多年以前就有了对性的记载, 古书中也不乏这方面的描述, 但由于没有系统地研究, 性教育没有形成一个系统的学科, 直到1988 年, 性知识的教育才被纳入到教育的轨道中来。但是老师讲得很概略, 孩子们也不好意思去问, 有关性方面知识知之甚少, 而对于一个求知欲强、充满好奇的孩子来说必然会想尽办法去满足自己, 当他四处寻找时, 有时候难免会得到目的之外或超过那个年龄范围的知识, 可是孩子本身并不知道那是错误的, 结果, 孩子可能因而犯错误或导致失败。

据统计，我国青少年的犯罪率占总犯罪率的80％，其中60％的青少年犯罪和性有关系，这个数据听起来是非常令人心痛的。因此，根据孩子年龄的大小，发育的程度，以及能够接受的程度和所处的环境，适时、适度地进行性教育已刻不容缓。

性是与生俱来的，对孩子的性教育应该从小开始，越早越好。一些家长以为孩子小，不懂事，不注意性教育，这是一个误区。一般来讲，婴幼儿时期是性别角色认同的重要时期，家长是孩子性教育的启蒙老师，在此时期，家长要通过起名，穿衣服，和小孩的谈话、交流，给他买玩具，使其了解性别角色，这对一个人的成熟非常重要。到了学龄期，则应选择良好的时机（比如洗澡、睡觉等），很自然地让孩子认识自己的身体，并培养他养成良好的卫生习惯。随着生理的成熟，性激素分泌的增多，孩子们开始进入青春期，这一时期是性教育的重要时期，也是性犯罪的高发期。在这个阶段，孩子们在性生理、性心理方面都有很大变化，这时既要让孩子们懂得正常的生理现象，也要使孩子形成健康的性心理，顺利完成从儿童时期向成人的过渡。

在帮助孩子了解性的过程中，千万要注意：用孩子能听懂的语言、容易接受的方式，去爽快地、正确地、形象地回答，不要含糊其词，更不可简单粗暴。

对青少年的性知识教育是一个社会的系统工程，学校、家长和社会要共同承担性知识教育的责任和义务，形成以学校为主，以家庭父母亲为子女性教育的良师益友的三位一体的教育体系，帮助孩子了解"性"，使孩子们都能身心健康地成长。

ok

少年须知"懒惰催人老"

"懒惰最容易使人衰老",这话说得很有道理,从一个重要方面讲出了人生的真谛。应该说,健康长寿是人类永远的追求。从古至今许多长寿老人都有自己独特的长寿之道。有人吃素,有人心宽,有人乐天,有人忌烟酒,有人衣食无忧,有人环境独佳……唯有一点是共同的,那就是勤奋好动。"动"就得"勤","勤"就会"动","生命在于运动",只有动起来,生命就变得活跃起来。

俄罗斯国家民间舞蹈团在我国青岛、上海、北京等地作精彩演出,人们在惊叹俄罗斯艺术家高超技艺的同时,更惊讶90岁高龄的团长莫伊谢耶夫生命不息耕耘不止的崇高精神。莫伊谢耶夫老人思维敏捷、精力充沛、体魄健壮。他不是名誉上的团长,而是一个实实在在的实干艺术家,剧团的编导、排演、管理,样样离不开他。许多人见到这位神采奕奕、精神焕发的老人，都禁不住问他长寿的秘诀。他总是干脆地回答："勤奋工作。懒惰最容易催人老！"

我国古代后汉的大医学家华佗认为，动是健身祛病防衰老的关键，他的健身诀窍是练五禽戏；唐代大医药学家孙思邈的长寿诀窍是"四体勤奋，每天劳动，行医看病，上山采药"；唐朝女皇武则天82岁高龄的健身长寿法是打猎、游览、练气功；清朝乾隆皇帝是我国历史上的高寿皇帝，活到88岁，长寿诀窍是骑射练武；老一辈革命家徐特立先生年逾九旬，仍为坐如钟、立如松、行如风，他的长寿秘诀是步行锻炼；1993年全国评选出的长寿王后孔英，一生勤恳劳作，即使百岁高龄后，仍能从事家务劳动。纵观这些长寿老人不论其地位高低，身份贵贱，其长寿秘诀都是"勤勉劳动，不懒惰"。

然而，"勤奋"必须从小时候开始培养，只有小时候养成了勤奋好动的习惯，长大后才能孜孜以求，勤劳不止。如果小时候好逸恶劳，懒惰成性，那么长大以后就不可能再勤奋起来。

有些独生子女，父母给予的条件优厚，在家里手不提篮，肩不担担，到外边也吃不了苦，受不了累，只求享乐多，刻苦拼搏少。那么，不等到了老年，机体脏器功能减退了，肌肉萎缩了，脂肪集聚增多了，心肺功能负担加重了，衰老也就早来了。

心理学家认为，人的一生许多习惯不是一个早上生成的，而是从小立志养成的。人体只有在生命的不断追求和进取中，才锻炼了勤劳的美德。也只有在美好的心理寄托中，才能有良好的心境，进而才能健康长寿！

话说少儿肥胖危险期

就全人类的角度来看，中国是一个喜欢胖的国度。连汉字的缔造者都对"胖"字给予偏爱，专门用个"月肉"旁，而把"瘦"字强加个"病厦"旁。大家见面寒暄时对发胖恭维为"发福"了。而对见瘦的人却说，"几天不见怎么瘦了呢？是不是有啥病呢？"可见，人们是喜胖不喜瘦的。

然而，人体的肥胖是有一定标准的，肥胖过了头，那就是祸不是福了。据资料介绍，中国肥胖儿童的数量以每年9％的速度迅速增长。过度肥胖会使儿童罹患心血管病，甚至会大大缩短肥胖儿的生命。肥胖儿童已经成了一种社会问题，应当引起人们的足够重视。

人生的肥胖有几个危险期。出生期、幼儿期是儿童肥胖的两个危险期。研究表明，儿童出生一年内是否超重或肥胖，与其成年后是否肥胖有着十分密切的关系。出生第一年是控制学龄前儿童肥胖的第一个重要时期。而3～4岁时，由于进入了脂肪发育的第一个活跃期，因而是另一个肥胖的高危期。尤其在肥胖期里，儿童的营养只要充足，不可过量，要科学进食；不能想吃啥就吃啥，想吃多少就吃多少。要知道，营养过剩后体重超标追悔莫及啊！

儿童肥胖症的原因很多，专家们研究发现，儿童肥胖症与服用过量激素、疾病和遗传性肥胖关系不大，而是单纯性肥胖症，也就是由于摄取过量的营养造成的。近十余年来，随着人们的生活水平的提高，独生子女成了父母和家庭的"小皇帝"，从生下来就精心喂养，吃得越多父母越高兴，长得越胖亲人们越喜欢。另一方面，家长不带领孩子做适当体育运动，孩子整天的活动是学习、看电视、打游戏机等，没有活动的时间和空间，更加促使肥胖了。

家长对孩子的肥胖应该有个正确的认识，青少年也应该努力克制自己，既不要过分紧张，也不要放任自流。对单纯性肥胖的孩子，限制过量饮食是最佳治疗方案；其次就是帮助建立规律性的生活习惯和合理的饮食结构，要克服一些吃零食，爱吃甜食、快餐，躺着吃东西等不良习惯；指导孩子适当地选择体育锻炼方法，每天要保证一定的运动量；还要从心理上帮助肥胖儿童解除心理障碍，树立信心，应用科学的方法会收到良好效果的。

在青少年长身体的关键时期，节制饮食是有限度的，主要是控制热量摄入过多，对于蛋白质、维生素、微量元素的摄入一定要给予充足的保证，千万不可矫枉过正。否则就可能抑制青少年的生长发育，削弱孩子的机体免疫力，对健康会造成不良影响的。

人体需要足量水支撑

　　水是继空气之后，生物所必须的另一种物质。一个婴儿体重的80%是水分。一个普通成人体中的60%～70%都是水分。如果没有食物，人可以存活近两个月，但是如果没有水，则只能坚持活几天。过去人们不注重喝水的知识，科学界也没有深入研究有关水对健康的作用，水知识普及较差。如今得到了关注，不仅告诉人们喝多少水，怎么喝水，还研究出了什么水是最理想的水。

　　水，对于所有的生物都是不可缺少的，人体更是不能例外。如果没有水，人会因体内产生的废物中毒而死亡。肾脏排除尿酸和尿素时，必须溶解在水里，如果没有足够的水这些废物就不能有效地排除，从而形成肾结石。水对于消化和吸收代谢过程的化学反应也很重要，水通过血液的形式为细胞运输氧和营养物质；通过排汗来调节体温；水还可以润滑关节和内脏；如果水分不够，就可能出现肥胖，肌肉的弹性降低，消化系统紊乱，肌肉疼痛，甚至出现肾功能障碍，水潴留等现象；人体的呼吸也离不开水，肺组织必须保持湿润环境才能摄取氧和排除二氧化碳，每天通过呼吸人体大约丢失 0.5 升的水分。

美国加州的肥胖症专家霍华德教授说，"水的摄入不足导致许多脂肪过剩，肌肉弹性差、不发达，消化作用和器官机能降低，体内毒素堆积，关节、肌肉疼痛，甚至水潴留。"那么，什么是水潴留呢？是指当水摄入不足时，机体自动保留部分水分作为补偿，当摄入足量的水分时，就可以消除这种潴留现象。

美国西南部肥胖症营养中心罗宾逊医生说，"适量饮水是减轻体重的一种方法。如果想要减轻体重而不摄入足量的水，机体就不能充分地代谢掉脂肪组织。流质的储存同样使体重增加。"

那么，每天饮水多少为宜呢？霍华德医生说，"以 250 毫升的杯子为例，一个健康人每天至少要喝 8～10 杯水。若运动量大或者气候环境炎热，那么需要的水分就更多。超重的人比理想体重者每重 25 磅就要另外多喝 1 杯水，也可以咨询一下医生，听听他们的建议。"

国际运动药物研究所公布了一个正常人每天水摄入量的公式：如果运动量不大，每磅体重每日需 15 毫升水；如果从事体育运动，那么每磅体重约需 20 毫升水。还有，喝水还必须均匀地分散在全天。

有人以为，每天喝那么多的水，一定会不停地跑厕所。是的，开始是比较频繁的，但是几周以后，膀胱将会作出调整，使排尿变得次少量多了。体重就会发生明显变化。至于饮水以哪些种类的为好呢？科学家们一致认为，从水的分子之间的结构与人体的适应性来说，以凉白开水为最佳。其他饮料都不是理想的。

养成积极饮水习惯

　　生命源于海洋，人体细胞均浸浴在血液和组织液中，细胞直接与血液、组织液进行物质交换，以维持其生命活动。人体内含有许多液体，总称为体液。体液占体重的百分数越大，人越年轻。如新生儿体液占体重总量的80％，婴儿占70％，学前儿童占65％，而60岁以上的老人则占49％，正常成人水分约占体重的60％。一个体重60千克的成人体内有水分36千克，这些水分在不断地运动和更新，人不断需要饮水，也不断地排泄。所以，水对于人体的健康是非常重要的，对于青少年的生长发育也是非常关键的。

　　不少人以为，不口渴无需饮水。实际上即使不渴也应该每天饮适量的水。有的人平时口腔感觉迟钝，没感觉出来体内缺水，就会影响身体的新陈代谢。因此，青少年根据体重每天不渴也需要饮水1000～2000毫升。

在运动中，每5～8分钟体温升高1度，15～30分钟体温可达到生命致死的水平。人体所以没有出现运动高体温致死事件，是因为水分调解体温的作用。运动产生的热量首先遇到的是体内无所不在的水分，水吸收热量，通过皮肤蒸发及汗液带走热量，使产热与散热保持平衡。

散热同时又丧失了水分。长跑运动每小时可丢失2～2.8升水分，足球运动每场比赛可失水4～6升，相当于体重的6%～8%。人体每失去1%体重的水即可使血浆容积下降2.5%，肌肉失水1%。当失水量占体重2%时，心血管系统负担加重。当失水占体重4%时，肌肉收缩强度下降30%，明显影响体力。因此，运动前或运动后要补充足量的水。

饮什么样的水好呢?不少青少年迷恋于饮料、矿泉水等，其实最好的饮用水还是凉白开水。

凉白开水分子的结构适宜人体血液及细胞内外运输。凉白开水中有的无机物适宜人体利用。尤其是凉白开能解除钙、镁、铁、铝、锰的碳酸盐、重碳酸盐、氯化物、硫酸盐、硝酸盐等矿物质，解除硬水对人体的伤害。

饮水对于许多疾病的防治也有积极的意义。例如，感冒病人多饮糖姜水，出个透汗后病情明显好转甚至治愈；低血压病人多饮茶水，血容量增多，血压会自然上升；风湿症病人多饮热姜水，可以减轻症状，减少痛苦。更重要的是，多饮水有防癌作用。

用强健的体魄迎接明天

　　身体素质通常是指人体的基本活动能力。目前把人体机能在肌肉工作中表现出来的力量、速度、耐力、灵敏性、柔韧性、协调性和平衡等能力统称为身体素质。运动能力是指人体运动中掌握和有效地完成专门动作的能力，这种能力主要体现大脑皮层主导下的不同肌肉群工作时的协调性。它与身体素质之间有非常密切的联系。运动能力的提高除了与技术的准确性有关外，还与身体素质的好坏有密切关系。

　　尽管我国早已把"东亚病夫"的蔑称扔进了太平洋里，尽管中国运动员在奥林匹克运动会上夺取了百余枚金牌，然而，作为一个13亿人口的大国来说，我们体育人口相对还少，群众性健身运动还不够普及，人们的自我保健意识还缺乏，青少年在身体发育方面还有些缺陷，居民中患糖尿病、高血压、冠心病、脑卒中等"富裕病"越来越多，这些都说明我国人群的身体素质和运动能力还亟待提高。提高身体素质要从多方面努力：

锻炼肌肉力量。肌肉力量和力量素质是指肌肉紧张或收缩的能力，表现形式分为静力和动力。力量素质对维持人体长时间工作的能力，保持骨结构完整性，防止骨质疏松发生、发展及预防骨折发生具有重要意义。

提高柔韧素质。柔韧素质是指人体各关节活动的幅度。柔韧素质既取决于有关肌肉、韧带的弹性和关节的活动范围，同时也取决于神经系统支配和神经肌肉之间协调能力。柔韧素质随年龄的增长出现明显衰退现象，但经常锻炼，其柔韧素质衰退速度能明显减慢。青少年不锻炼照样柔韧素质下降。

平衡能力需要锻炼。平衡能力是指身体对来自前庭器官、肌肉、肌腱、关节内本体感受器以及视觉等各方面刺激的协调能力。平衡能力包含坐位、立位和移动平衡三方面，即静态的稳定性和动态的协调性，同时还包括抗干扰能力。所以平衡能力对于青少年的适应性有非常重要意义。

反应能力得在锻炼中增强。反应能力是反映机体神经系统反应速度的重要生理指标。反应时间越短，表明机体对刺激的反应越快。选择反应时间就是评价受试者神经肌肉系统的反应和动作的综合能力的测试方法。因此青少年经常参加各种球赛就是锻炼和提高反应能力的有效途径。

灵敏性素质得锻炼提高。灵敏性素质是指综合人体在日常活动中和体育锻炼中表现出来的快速随机应变的能力，既与神经灵敏反应有关，又与力量、速度、协调性等素质有关，是一种复杂的综合素质。10米×4往返跑就是评价人体快速移动速度和灵敏度。

协调性素质更需锻炼。协调性素质是综合人体各部分和各种运动器官去完成整体或局部活动能力。青少年刻苦锻炼机体各器官的协调性，不但工作效率能明显提高，而且可以推迟衰老。

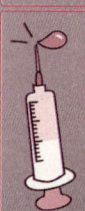

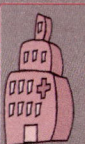

ok

图书在版编目（CIP）数据

医学新知／高殿举主编．—长春：吉林出版集团股份有限公司，2009．3
（全新知识大搜索）
ISBN 978-7-80762-608-4

Ⅰ．医…　Ⅱ.高…　Ⅲ.医学－青少年读物　Ⅳ.R-49

中国版本图书馆CIP数据核字（2009）第027867号

主　编：高殿举
编　委：于凤翘　王奉德　杨文珍　袁尧舜　李兴华　赵伟宏　赖亚辉　宴舒

医学新知

策　　划：曹恒　责任编辑：息望　付乐
装帧设计：艾冰　责任校对：孙乐
出版发行：吉林出版集团股份有限公司
印刷：河北锐文印刷有限公司
版次：2009年4月第1版　印次：2018年5月第14次印刷
开本：787mm × 1092mm 1/16　印张：12　字数：120千
书号：ISBN 978-7-80762-608-4　定价：32.50元
社址：长春市人民大街4646号　邮编：130021
电话：0431-85618717　传真：0431-85618721
电子邮箱：tuzi8818@126.com